职业教育示范性规划教材

维 修 电 工

<table>
<tr><td>黄宗放</td><td>徐兰玲</td><td>主　编</td></tr>
<tr><td>叶　盛</td><td>朱义潘</td><td>副主编</td></tr>
</table>

U0256561

電子工業出版社

Publishing House of Electronics Industry

北京·BEIJING

内 容 简 介

本书主要内容包括：安全节约用电、整理工具箱、家居用电、控制电动机、机床电气控制电路、稳压电源、电力整流与逆变 7 个项目，基本涵盖了维修电工初、中级职业资格考试的要求和内容。

本书的编写遵循行动导向教学原则，把每个项目单元分解为若干个任务，每个任务都包括任务情境、任务描述、计划与实施、练习与评价、任务资讯 5 个部分，并力求以情激趣、图文并茂、直观形象。

本书可作为职业院校相关专业教学教材，也可作为职业鉴定培训教材。

图书在版编目 (CIP) 数据

维修电工 / 黄宗放，徐兰玲主编. —北京：电子工业出版社，2013.7

职业教育示范性规划教材

ISBN 978-7-121-20835-5

I. ①维… II. ①黄… ②徐… III. ①电工－维修－中等职业教育－教材 IV. ①TM07

中国版本图书馆 CIP 数据核字（2013）第 143246 号

策划编辑：靳　平

责任编辑：桑　昀

印　　刷：北京虎彩文化传播有限公司

装　　订：北京虎彩文化传播有限公司

出版发行：电子工业出版社

　　　　　北京市海淀区万寿路 173 信箱　　邮编：100036

开　　本：787×1092　1/16　印张：16.75　字数：443 千字

版　　次：2013 年 7 月第 1 版

印　　次：2024 年 7 月第 15 次印刷

定　　价：31.00 元

凡所购买电子工业出版社图书有缺损问题，请向购买书店调换。若书店售缺，请与本社发行部联系，联系及邮购电话：（010）88254888，88258888。

质量投诉请发邮件至 zlts@phei.com.cn，盗版侵权举报请发邮件至 dbqq@phei.com.cn。

本书咨询联系方式：（010）88254592，bain@phei.com.cn。

前　　言

职业技术教育担负着培养技能型人才和数以亿计的高素质劳动者的任务，必须坚持"以服务为宗旨，以就业为导向、以能力为本位"的办学理念。职业院校要加强专业技能教学。本书就是为了适应职业院校相关专业技能教学的需求而编写的。

本书根据《维修电工国家职业标准》编写，主要内容包括：安全节约用电、整理工具箱、家居用电、控制电动机、机床电气控制电路、稳压电源、电力整流与逆变7个项目。

本书具有以下特色。

1．创新性

首先是结构新，本书取消了传统教材的章节结构，设置了教学单元和任务，把专业知识和技能落实到具体的单元和任务中，通过引领任务驱动教学进程，让学生在任务的实施中巩固知识，习得技能。其次是内容新，在本书的编写过程中，编写人员有意识地联系当前的社会实际，及时吸收新理论、新知识、新技术、新工艺。

2．针对性

本书针对职业院校维修电工的技能训练教学和考级（初级、中级），设置教学单元和训练任务，编排基础知识和基本技能，有较强的针对性。同时也力求使职业性、实践性和趣味性相统一。

3．教材、教案、学案三合一

本书按行动导向教学原则编写，通过任务情境、任务描述、计划与实施、练习与评价、任务资讯5个部分呈现内容，展开教学活动，力求做到教材、教案、学案三合一。

4．知识、技能、情感相结合

本书不仅注重巩固知识、突出技能，还通过情境模拟、总结评价渗透个人品德、职业道德和社会公德教育。

本书的编写人员有黄宗放、徐兰玲、叶盛、朱义潘，其中，黄宗放和徐兰玲为主编，叶盛和朱义潘为副主编。黄宗放负责全书的组织编写与统稿并编写了项目一和项目二；徐兰玲编写了项目三；叶盛编写了项目五和项目六；朱义潘编写了项目四和项目七。

本书的编写力求新颖和实用，使之符合职业院校相关专业技能教学的实际。本书在编写过程中得到了浙江省瑞安市教育教研室、瑞安市职业中专教育集团学校、苍南县职业中专领导和同事的大力支持，在此一并表示感谢。

由于编写时间仓促，编者的视野和水平有限，书中难免有疏漏甚至错误，恳请广大读者批评指正。

编　者

目　　录

维修电工

目录

项目一

安全节约用电

项目目标

通过本项目的学习，应达到以下学习目标：

（1）能说出电对人体的伤害和人体触电的基本形式；知道引起电火灾的原因；会采取防范触电和电火灾的措施；熟记电工安全操作规程。

（2）会复述触电现场急救和电火灾现场救护的基本程序；能运用口对口人工呼吸和人工胸外心脏按压抢救法；知道现场急救的注意事项，掌握火灾现场逃生技巧，懂得电火灾的处理方法。

（3）能说出节约用电的意义；会在不同的环境中采用节约用电的措施；树立"节约用电，从我做起"的意识。

项目内容

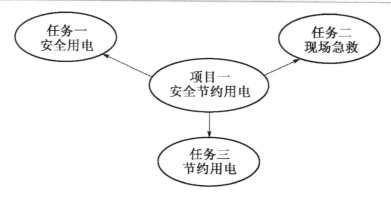

项目进程

任务一　安全用电

【任务情境】

祝宗雪同学是滨海市职业中专电子电工专业高一的学生。今天是开学第一周的星期五，在学校住了五天，终于可以回家了，小祝同学的心情特别愉快。当他离家不远时，突然听到刺耳的消防警报声和嘈杂的叫喊。原来，离小祝家不远的一家便利店起火了，消防队员正在奋力扑火。事后，经消防队员调查得知，这起火灾是由于用电线路老化引起的。

电可以带来光明与温暖、便捷与舒适，也可以带来伤害与灾难。用电必须安全！

【任务描述】

了解电对人体的伤害、人体触电的基本形式和引起电火灾的原因，会采取防范触电和电火灾的措施，熟记电工安全操作规程。

【计划与实施】

一、看一看

图 1-1-1 所示发生了什么情况？

图 1-1-1　各种触电情形

二、说一说

（1）电流对人体的伤害与哪些因素有关？

（2）触电的形式有哪几种？

（3）引起电火灾的原因有哪些？

三、议一议

作为一名维修电工，应该如何做到安全用电？

【练习与评价】

一、练一练

判断下列说法是否正确。
（1）安全用电，预防为主。
（2）为了保证安全用电，应该在变压器的中性线上安装熔断器。
（3）为了安全，所有电气设备都应保护接地。
（4）只接触电路中的一根导线是安全的。

（5）可以用手拉导线拔出插头。

（6）只要站在绝缘板上，操作就是安全的。

（7）在进行电气设备操作时，必须集中精力。

（8）在任何条件下，36V 电压都不会对人体造成伤害。

（9）发现电气设备有打火、冒烟或其他不正常气味时，应先查明原因。

（10）线路的过载保护宜采用自动开关。

（11）电工的职责就是负责辖区内低压用户的计费抄表和电费回收工作。

（12）为了安全，绝对不允许带电作业。

二、评一评

请反思在本任务中你的收获和疑惑，写出你的体会和评价。

任务总结与评价表

内　容		收　获	疑　惑
获得知识			
掌握方法			
习得技能			
学习体会			
学习评价	自我评价		
	同学互评		
	老师寄语		

【任务资讯】

一、电流对人体的伤害

人体是可以导电的，当人体触及带电体时，会有电流通过人体而对人体造成伤害，这就是触电。触电时，电流对人体的伤害可分为电伤和电击。

电伤是触电时电流对人体外表造成的局部伤害。通常有电弧烧灼皮肤、熔化的金属渗入皮肤造成皮肤金属化等伤害。电伤往往在人的肌体上留下伤痕，一般是非致命的。

电击是触电时电流对人体内部组织的破坏，造成人的心脏、肺部及神经系统不能正常工作，使人出现痉挛、窒息、心颤、心跳骤停甚至死亡。电击往往是致命的。

电伤和电击可能同时发生。

那么，触电时，电流对人体的伤害程度与哪些因素有关呢？

1．电流的大小

人体内存在生物电流，一定限度的电流不会对人体造成伤害。触电时，通过人体的电流越大，人体的生理反应越强烈，感觉就越明显，电流对人体的伤害也就越大。

2．通电时间

电流对人体的伤害与电流的作用时间密切相关。触电时电流通过人体的时间越长，一方面会使伤害人体的能量积累越来越多；另一方面会使人体的电阻下降，导致通过人体的电流进一步增大，其伤害程度就越大。

3．电流的频率

电流的频率不同，对人体的伤害也不同。其中，25～300Hz 的电流对人体的伤害最严重。人们日常使用的工频交流电（我国是 50Hz）就在这个危险频段，虽然它对电气设备比较合理，但对人体的危害不容忽视。工频电流对人体的伤害情况参见表 1-1-1。

表 1-1-1　工频电流对人体的伤害情况

电流/mA	通 电 时 间	人体的生理反应
0～0.5	连续通电	没有感觉
0.5～5	连续通电	开始有感觉，手指、手腕等处有痛感，不会痉挛，可以摆脱带电体
5～30	数分钟内	痉挛，不能摆脱带电体，呼吸困难，血压升高，是可以忍受的极限
30～50	数秒到数分钟	心脏跳动不规则，昏迷，血压升高，强烈痉挛，时间过长即引起心室颤动
50～数百	低于心脏搏动周期	受到强烈冲击，但不会发生心室颤动
	超过心脏搏动周期	昏迷，心室颤动，接触部位留有电流通过的痕迹
超过数百	低于心脏搏动周期	在心脏搏动特定的相位触电时，昏迷，心室颤动，接触部位留有电流通过的痕迹
	超过心脏搏动周期	心脏停止跳动，昏迷

4．人体电阻

人体对电流有一定的阻碍作用，这种阻碍表现为人体电阻。人体电阻主要来自皮肤表层，起皱和干燥的皮肤有相当高的电阻，可达 100kΩ以上。而皮肤潮湿或接触带电导体的皮肤受到破坏时，电阻会急剧下降，可降到 1kΩ以下。人体还是非线性电阻，随着电压的升高，电阻值减小。人体电阻随电压变化的情况参见表 1-1-2。

表 1-1-2　人体电阻随电压变化的情况

电压/V	1.5	12	31	62	125	220	380	1000
电阻/kΩ	>100	16.5	11	6.24	3.5	2.2	1.47	0.64
电流/mA	忽略	0.8	2.8	10	35	100	268	1560

二、触电的形式

人体的触电形式按人体是否直接接触带电体可分为直接触电和间接触电。

（1）直接触电又可分为单相触电和两相触电。

单相触电是指在中性点接地的电网中，人体与大地之间互不绝缘，当人体接触到带电设备或线路中的某一导体时，电流由相线经人体流入大地的触电现象，如图 1-1-2 所示。

两相触电是指人体的不同部位分别接触带电设备或线路中两相导体时，电流从一相导体通过人体流入另一相的触电现象，如图 1-1-3 所示。

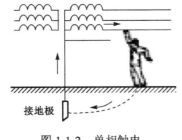

图 1-1-2　单相触电

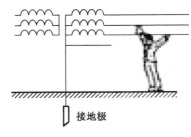

图 1-1-3　两相触电

（2）间接触电是指正常状态下外壳不带电的用电设备发生故障或漏电时，人体接触该用电设备而引起的触电现象，如图 1-1-4 所示。通常引起这类触电的用电设备故障有外壳短路、导线短路、接地短路。

只要技术措施和管理措施得当，防护到位，直接触电是可以避免的。由于设备或线路产生故障具有一定的不可预见性和隐蔽性，如果工厂、车间工作环境较复杂，则更加难以发现，危害性更大，采取可靠和合理的保护措施非常重要。

此外，触电形式还有跨步触电。跨步触电是指当带电体接触地面有电流流入大地时，或雷击电流经设备接地体流入大地时，在接地点附近的大地表面具有不同数值的电位，人进入该范围，两脚之间形成跨步电压而引起的触电现象，如图 1-1-5 所示。

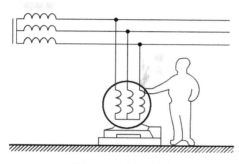

图 1-1-4　间接触电

图 1-1-5　跨步触电

三、引起电火灾的原因

2004 年 4 月 8 日上午 11 时许，某住宅发生火灾，四间新建不到两年的楼房被烧成灰烬。谁是"肇事者"呢？经勘查和询问证实：该住户在建造新楼房时，为图方便，违章作业，电力线与通信线杆距离过近，电线随风摆动，与通信线杆碰擦。不到两年，电线绝缘层多处裂开脱落，露出了铜芯。裸露的电线在与通信线杆频繁的碰擦中，产生了电火花，造成了这场火灾。

电火灾就是指由于电气设备和线路故障所引起的火灾，造成电火灾的主要原因有以下几点。

1. 漏电

电气设备和线路由于风吹、雨淋、日晒、受潮、碰压、划破、摩擦、腐蚀等原因使其绝缘性能下降，导致线与线、线与外壳之间部分电流泄漏，泄漏的电流在流入大地时，电阻较大，会产生局部高温，致使附近的可燃物着火，引起火灾。

防止漏电，第一，要在设计和安装上做文章。导线的绝缘强度不应低于网路的额定电压，绝缘子也要根据电源的不同电压选配。第二，在潮湿、高温、腐蚀场所，严禁绝缘导线明敷，应使用套管布线。多尘场所要经常打扫，防止电气设备和线路积尘。第三，要尽量避免施工中对电气设备和线路的损伤，注意导线连接质量。第四，要安装漏电保护器，并经常检查电气设备或线路的绝缘情况。

2. 短路

导线选择不当、绝缘老化、安装不当等原因都可造成电路短路。发生短路时，电路的短路电流比正常电流大许多倍，由于电流的热效应，从而会产生大量的热量，轻则降低绝缘层

的使用寿命，重则引起电火灾。除此之外，电源过电压、小动物跨接在裸线上、人为乱拉乱接线路、架空线松弛碰撞等都会造成短路。

防止因短路而造成的火灾，首先要严格按照电力规程来安装、维修线路。其次，要选用合适的安全保护装置。当采用熔断器保护时，熔体的额定电流不应大于线路长期允许负载电流的 2.5 倍；用自动开关保护时，瞬时动作过电流脱扣器的额定电流不应大于线路长期允许负载电流的 4.5 倍。

3．过载

不同规格的导线，允许通过的电流都有一定的范围。在实际使用中，流过导线的电流如果大大超过允许值，就会过载。过载就会产生高热，这些热量如不及时散发，就有可能使导线的绝缘层损坏，引起火灾。

产生过载的主要原因是导线截面选择不当，"小马拉大车"，即在线路中接入了过多的大功率设备，超过了配电线路的负载能力。

防止过载引起火灾的措施是采取过载保护。线路的过载保护宜采用自动开关。采用熔断器作为过载保护器件时，熔体的额定电流应不大于线路长期允许负载电流。采用自动开关作为过载保护器件时，其延时动作额定电流应不大于线路长期允许负载电流。

此外，电力设备在工作时产生的火花和电弧都会引起可燃物燃烧而导致电火灾。特别在油库、乙炔站、电镀车间以及有易燃物体的场所，一个不大的电火花都有可能引起燃烧和爆炸，造成严重的伤亡和损失。

四、触电与电火灾的防范

任何制度、措施都是靠人来执行的。因此，安全用电首先要强化人的意识，要在思想上十分重视，将安全用电的意识贯穿于工作的全过程。

第一，要强化以下意识：

（1）只要用电就存在危险；

（2）侥幸心理是事故的催化剂；

（3）投向安全的每一份精力和物质永远保值。

第二，要养成安全操作的习惯，主要的安全操作习惯如下：

（1）人体触及任何电气装置和设备时要先断开电源。断开电源一般是指真正脱离电源系统（如拔下电源插头、断开闸刀开关或断开电源连接），而不只是断开设备的电源开关；

（2）测试、装接电力线路时采用单手操作；

（3）触及电路的任何金属部分之前都要进行安全测试；

（4）操作带电设备时，不能用手接触带电部位判断是否有电；

（5）发现电气设备有打火、冒烟或其他不正常气味、声响时，应迅速切断电源，并请专业人员进行检修。

第三，要遵守安全用电制度，落实安全用电措施。

（1）要正确选用安全电压。国家标准规定安全电压额定值的等级为 42V、36V、24V、12V、6V。42V 电压用于给在危险场所使用的手持式电动工具供电，一般干燥场所使用的安全电压为 36V，在潮湿场所应选用 24V 或 12V 电压。

（2）要合理选择导线和熔丝。导线通过电流时不能过热，导线的额定电流应大于实际工作电流。熔丝的作用是起短路和严重过载保护，熔丝的选择应符合规定的容量，不得以金属导线代替。

（3）电气设备必须满足绝缘要求。通常规定固定电气设备绝缘电阻不低于$1M\Omega$；可移动式电气设备的绝缘电阻不低于$2M\Omega$。有特殊要求的电气设备绝缘电阻更高。

（4）正确使用移动式电动工具。要定期检查，使用时应戴绝缘手套，移动时应切断电源。

（5）在非安全电压下作业时，应尽可能单手操作，脚最好站在绝缘物体上。在调试高压电器时，地面应铺绝缘垫，作业人员应穿绝缘鞋，戴绝缘手套。

（6）高温电气设备的电源线不能用塑胶线。

（7）拆除电气设备后，不应留有带电导线，如需保留，必须进行绝缘处理。

（8）装配中剪掉的导线头或金属物要及时清除，不能留在机器内部，以免造成隐患。烙铁头上多余的焊锡不能乱甩。

（9）所有电气设备、仪器仪表、电气装置、电动工具都应有保护接地线。

（10）电气设备和电源应由专人负责，定期检查，并做好记录，发现问题及时解决。

五、电工岗位职责和安全操作规程

电工在工作过程中，应认真履行电工岗位职责。电工的主要岗位职责如下：

（1）认真贯彻执行国家有关电力的各项政策、法规、制度、标准，严格执行国家电价政策；

（2）负责所辖范围内高/低压设备的运行维护、定点巡视检查、资料管理和辖区内的安全用电管理工作；

（3）正确执行电价政策，负责辖区内低压用户的计费抄表和电费回收工作；

（4）负责辖区内低压用户用电检查，维护正常用电秩序，完成资料管理和统计报表工作；

（5）按时参加各种会议和培训活动，不断提高自身的政治和业务素质，强化服务意识；

（6）及时反映和汇报工作中出现的问题，提出改进工作建议；

（7）定期收集用户意见，在规定时间内及时解决用户提出的合理要求和事故抢修；

（8）开展安全用电的宣传工作，为用户提供优质服务。

作为电工还要认真学习并严格遵守《电业安全操作规程》，《电业安全操作规程》的部分摘要如下：

（1）上岗前必须戴好规定的防护用品，一般不允许带电作业；

（2）工作前认真检查所用的工具是否安全可靠，了解场地、环境情况，选好安全位置工作；

（3）各项电气工作严格执行"装得安全、拆得彻底、经常检查、修理及时"的规定；

（4）不准无故拆除电气设备上的安全保护装置；

（5）设备安装或修理后，在正式送电前必须仔细检测绝缘电阻及接地装置传动部分的防护装置，使之符合要求；

（6）工作中拆除的电线要及时处理，带电的线头必须用绝缘带包好；

（7）装接灯头时开关必须控制相线，敷设临时线路时应先接地线，拆除时应先拆除相线；

（8）高空作业时应系好安全带，梯子应有防滑措施，工具物品必须装入工具袋内吊送式传递，地面上的人应戴好安全帽并离施工区2m以外；

维修电工

（9）低压带电作业时应有专人监护，使用专用工具和防护用品，人体不得同时接触两根线头，不得越过未采取绝缘措施的电线之间。

（10）在带电的低压开关柜（箱）上工作，应采取防止相间短路及接地等安全措施。

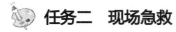 任务二　现场急救

【任务情境】

某建筑工地，工人们正在进行水泥圈梁的浇灌。突然，搅拌机附近有人大喊："有人触电了"。只见在搅拌机进料斗旁边的一辆铁制手推车上，趴着一个人，地上还躺着一个人。当人们把搅拌机附近的电源开关断开后，看到趴在手推车上的那个人手心和脚心穿孔出血，已经死亡，死者年仅17岁。躺在地上的那个人也已重度昏迷，于是，有人拨打120，有人立即对躺在地上的那个人进行人工呼吸。经现场抢救和120急救，终于把他从死亡线上拉了回来。

【任务描述】

了解触电现场急救、电火灾现场救护的基本程序、注意事项和方法；练习口对口人工呼吸、人工胸外心脏按压抢救法和火灾现场逃生技巧。

【计划与实施】

一、说一说

（1）触电现场急救的一般程序。

（2）电火灾现场急救的一般程序。

（3）脱离电源的方法。

二、看一看

演示口对口人工呼吸法和人工胸外心脏按压法的视频或实物模拟。

三、练一练

（1）口对口人工呼吸法。

（2）人工胸外心脏按压法。

四、认一认

图 1-2-1 中各是什么灭火器？怎么使用？

图 1-2-1　各种灭火器

五、演一演

结合安全教育，进行灭火器使用和火场逃生演练。

【练习与评价】

一、练一练

判断下列说法是否正确。

（1）触电现场急救时，应不触及触电者的身体而使之脱离电路。

（2）对触电者应立即进行人工呼吸。

（3）如果触电者心跳、呼吸全停，则应打强心针。

（4）不能使用泡沫灭火器进行电火灾的扑灭。

（5）在电火灾现场应乘电梯快速逃离。

二、评一评

请反思在本任务中你的收获和疑惑，写出你的体会和评价。

任务总结与评价表

内　　容		收　　获	疑　　惑
获得知识			
掌握方法			
习得技能			
学习体会			
学习评价	自我评价		
	同学互评		
	老师寄语		

【任务资讯】

发生触电和电火灾事故，千万不要惊慌失措。只要救护及时、方法得当，可以使触电者脱险并把损失降到最低。

一、触电现场急救的一般程序

（1）采取可靠、简便的方法迅速使触电者脱离电源。脱离电源最有效的措施是拉闸或拔出电源插头，如果一时找不到或来不及找，可用绝缘物（如带绝缘柄的工具、木棒、塑料管等）移开或切断电源线。关键是：一要安全可靠，二要迅速。

（2）及时拨打120，联系医疗部门。

（3）立即进行现场诊断和抢救。如果触电者未失去知觉，则应保持安静，继续观察，并请医生前来诊治或送医院。如果触电者心跳停止，应采用人工胸外心脏按压法维持血液循环，直到救护人员到达。如果触电者呼吸停止，应立即做口对口人工呼吸。如果心跳、呼吸全停，则应同时采用上述两种方法进行抢救。切勿打强心针，也不能泼冷水。

二、电火灾现场急救的一般程序

（1）采取可靠、简便的方法迅速切断电源。

（2）及时拨打119火警电话。

（3）使用1211灭火器、二氧化碳灭火器、干粉灭火器或黄砂来灭火。在未确定电源已经切断的情况下，决不允许用水或普通灭火器灭火，以防止灭火人员触电。

三、脱离电源的方法

人体触电以后，可能由于痉挛而紧抓带电体，不能自行摆脱电源。如果触电者不能及时摆脱带电体，时间长了，将会导致严重后果，应使触电者尽快脱离电源。使触电者脱离电源的方法很多，可根据现场具体情况来选择。

1. 脱离低压电源的方法

1）切断电源

如果电源开关或插头就在触电者附近，可立即拉开开关或拔下插头，断开电源。但应注意，拉线开关、平开关等只能控制一根线，有可能只切断了零线，而不能断开电源。如果触电者附近没有或一时找不到电源开关或插头，则可用电工绝缘钳或有干燥木柄的铁锹、斧子等切断电线，断开电源。断线时要做到一相一相切断，在切断护套线时应防止短路弧光伤人。

2）隔离电源

当电线或带电体搭落在触电者身上或被压在身下时，可用干燥的衣服、手套、绳索、木板、木棍等绝缘物品作为救助工具，挑开电线或拉开触电者，使之脱离电源。

3）与大地隔离

如果触电者紧握电源线，救护者身边又无合适的工具，则可以用干燥的木板塞到触电者身体下方，使其与大地隔离，然后再设法将电源线断开。在救护过程中，救护者应尽可能站在干燥的木板上进行操作。

2. 脱离高压电源的方法

1）拉闸停电

对于高压触电应立即拉闸停电救人。在高压配电室内触电，应马上拉开断路器。救护者要戴上绝缘手套，穿上绝缘靴；高压配电室外触电，则应立即通知配电室值班人员紧急停电，值班人员停电操作完毕后，立即向上级单位报告。

2）短路法

当无法拉闸断电时，可以采用抛掷金属导体的方法，使线路短路迫使保护装置动作而断开电源。抛掷金属导体前应先将导线一端牢牢固定在铁塔或接地引线上，另一端系上重物。高空抛掷要注意防火，抛掷点尽量远离触电者。

3. 脱离跨步电压的方法

遇到跨步电压触电时，可按上面的方法断开电源，或者救护人穿绝缘靴或单脚着地跑到触电者身旁，紧靠触电者头部或脚部，使其躺在等电位地面上（即身体躺成与触电半径垂直位置）即可就地静养或抢救。

4. 脱离电源的注意事项

（1）救护者一定要判明情况做好自身防护。在切断电源前不得与触电者裸露接触（跨步电压触电除外）。

（2）在触电者脱离电源的同时，要防止二次摔伤事故，即使是在平地上也要注意触电者倒下去的方向，避免摔伤头部。

（3）如果是夜间抢救，要及时解决临时照明，以免延误抢救时机。

四、急救方法

1. 口对口人工呼吸法

在触电现场对触电者进行口对口人工呼吸时，先应将触电者身上妨碍呼吸的衣服等解开，并把口腔中的杂物取出。如果触电者牙关紧闭，必须使其口张开，并打开从口腔到肺部的气道，保持呼吸道通畅。打开气道多用仰头抬颈法，如图 1-2-2 所示。触电者仰卧时，抢救者应一手放在触电者前额，向后向下按压，使其头后仰，另一手托住触电者颈部向上抬。

然后对触电者进行口对口人工吹气，如图 1-2-3 所示。吹气时，抢救者跪在触电者的一侧，用一只手掌向后下方压触电者的前额，同时用拇指和食指捏紧触电者的鼻孔，另一只手托起触电者的颈。抢救者深吸一口气，紧贴触电者口部用力吹入，使其胸部扩张，吹毕立即松开鼻孔，让触电者胸廓及肺部自行回缩而将气体排出。如此反复进行，每分钟吹气 12～15 次，直到触电者恢复呼吸为止。

图 1-2-2　打开气道

图 1-2-3　吹气

2．人工胸外心脏按压法

在触电现场对触电者进行人工胸外心脏按压时，如图 1-2-4 所示，要让触电者平躺在硬板床上或地面上，抢救者跪在触电者一侧。用一只手的手掌根部按在触电者胸骨中 1/3 与 1/2 交界处，即沿肋下缘摸到剑突上 2 指处，另一只手再平行放在前一只手背上，两只手的 10 个手指翘起来，双臂伸直，肘关节不得弯曲，身体稍向前倾，靠身体质量向下压，下压深度为 4～5cm。按压与放松时间大约相等，按压频率 80～100 次/分钟。放松时手掌不能离开按压部位，以防位置移动。但放松应充分，以利血液回流。

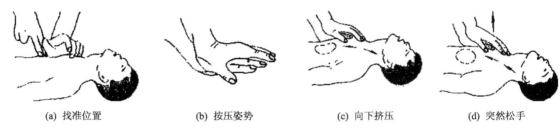

| (a) 找准位置 | (b) 按压姿势 | (c) 向下挤压 | (d) 突然松手 |

图 1-2-4　人工胸外心脏按压法

五、灭火与逃生

1．常见灭火器的用途与使用

可用于电火灾现场灭火的常见灭火器有二氧化碳灭火器、四氯化碳灭火器、干粉灭火器、1211 灭火器等，其用途与使用方法参见表 1-2-1。

表 1-2-1　灭火器的用途和使用方法

灭火器种类	用　途	使 用 方 法	检 查 方 法
二氧化碳灭火器	不导电； 适用于扑灭电气精密仪器、油类及 600V 以下的电器火灾	先拔去保险插销，一手拿灭火器手把，另一手紧压压把，气体即可自动喷出。不用时将压把松开，即可关闭	每 3 个月测量一次质量，当质量减少 1/10 时应充气
四氯化碳灭火器	不导电； 适用于扑灭电气设备火灾，但不能扑救钾、钠、镁、铝、乙炔等物质火灾	打开开关，液体就可喷出	每 3 个月试喷少许，压力不够时充气
干粉灭火器	不导电； 适用于扑灭石油产品、油漆、有机溶剂、天然气和电气设备的初起火灾	先打开保险销，把喷管口对准火源，拉动拉环，干粉即喷出灭火	每年检查一次干粉，看其是否受潮或结冰，小钢瓶内气体压力，每半年检查一次，质量减少 1/10 时应换气
1211 灭火器	不导电，绝缘良好，灭火时不污损物件，且不留痕迹，灭火速度快； 适用于扑灭电气设备、油类、化工化纤原料火灾	先拔去安全销，然后握紧压把开关，使 1211 灭火剂喷出。当松开开关时，阀门关闭，便停止喷射。使用中应垂直操作，不可平放或倒置，喷嘴应对准火源，并向火源边缘左右扫射，快速向前推进	每 3 年检查一次，检查灭火器上的计量表或称质量，如果计量表指示在警戒线或质量减轻 60% 时需充液

2．火场逃生要诀

第一诀：逃生预演，临危不乱。

每个人对自己工作、学习或居住所在建筑物的结构及逃生路径要做到了然于胸，必要时可集中组织应急逃生预演，使大家熟悉建筑物内的消防设施及自救逃生的方法。这样，火灾发生时，就不会觉得走投无路了。

第二诀：通道出口，畅通无阻。

楼梯、通道、安全出口等是火灾发生时最重要的逃生之路，应保证畅通无阻，切不可堆放杂物或设闸上锁，以便紧急时能安全迅速地通过。

第三诀：扑灭小火，惠及他人。

当发生电火灾时，如果发现火势并不大，且尚未对人造成很大威胁时，若周围有足够的消防器材，如 1211 灭火器具等，应及时切断电源，奋力将小火控制、扑灭；千万不要惊慌失措地乱叫乱窜，置小火于不顾而酿成大灾。

第四诀：保持镇静，明辨方向，迅速撤离。

突遇电火灾，面对浓烟和烈火，首先要强令自己保持镇静，迅速切断电源和判断安全地点，决定逃生的办法，尽快撤离险地。千万不要盲目地跟从人流和相互拥挤、乱冲乱窜。撤离时要注意，朝明亮处或外面空旷的地方跑，要尽量往楼层下面跑，若通道已被烟火封阻，则应背向烟火方向离开，通过楼梯、通道或安全出口等往室外逃生。

第五诀：善用通道，莫入电梯。

按规范标准设计建造的建筑物，都会有两条以上的逃生楼梯、通道或安全出口。发生火灾时，要根据情况选择进入相对较为安全的楼梯通道。在高层建筑中，电梯的供电系统在火灾时，随时会断电或因热的作用导致电梯变形而使人被困在电梯内，同时由于电梯井犹如贯通的烟囱直通各楼层，有毒的烟雾将直接威胁被困人员的生命，因此，千万不要乘普通的电梯逃生。

任务三　节约用电

【任务情境】

白天，室外阳光明媚，室内灯光如炽；

大厅内，人去楼空，却依然灯火长明；

夜晚，躺在床上看电视，睡意袭来，一按遥控器便沉沉睡去；

下班了，匆匆走出办公室，忘记将计算机关机；

夏夜，一边开着空调吹着丝丝凉气，一边盖着棉被呼呼大睡；

……

【任务描述】

懂得节约用电的意义，会采取常用节约用电措施。

【计划与实施】

一、说一说

（1）节约用电的意义。

（2）工厂用电可采用哪些节约措施？

（3）家居用电可采用哪些节约措施？

二、议一议

每位同学选一种家用电器，向同学介绍这种电器的节电小窍门。

【练习与评价】

一、练一练

（1）作为企业的维修电工，你有什么节约用电的方法和措施？

（2）在日常生活中，你如何节约用电？

二、评一评

请反思在本任务中你的收获和疑惑，写出你的体会和评价。

任务总结与评价表

内　　容	收　　获	疑　　惑
获得知识		
掌握方法		
习得技能		
学习体会		
学习评价	自我评价	
	同学互评	
	老师寄语	

【任务资讯】

一、节约用电及其意义

节约用电是指在满足生产和生活所必需的用电条件下，通过加强用电管理，采取技术上可行、经济上合理的措施，尽可能减少不必要的电能消耗，提高电能利用率，减少供电网络的电能损耗。节约用电对发展经济、节能减排、改善环境污染有重要的意义。

（1）节约能源，改善环境。电能是由一次能源转换来的二次能源，节约用电就是减少一次能源的消耗。据统计，截至2009年年底，我国发电设备容量87407万kW，其中火力发电65205万kW，占总容量74.60%。每节约1度电相当于节约400g标准煤，减少排放0.272kg碳粉尘、0.997kg二氧化碳、0.03kg二氧化硫、0.015kg氮氧化物等污染物。

（2）节约投资，改善民生。节约用电可以使发电、输电、变电、配电所需的设备容量减少，相应地节省国家电能基础设施建设的投资。这就意味着国家可以用更多的钱投入其他民生工程的建设。如果全国人民每人每年节约1度电，可以建成5000多所希望小学，可以援助160万名失学儿童。

（3）改善管理，提高效益。生产企业节约用电，要加强科学用电管理，从而改善经营管理工作，提高企业的管理水平。同时，能够减少不必要的电能损失，为企业减少电费支出，降低成本，提高经济效益，从而使有限的电力发挥更大的社会经济效益，提高电能利用率。

（4）促进科技进步，提高生产水平。更有效的节约用电，必须依靠科学技术，在不断采用新技术、新材料、新工艺、新设备的基础上，节约用电的同时必定会促进科技的不断进步，促进工农业生产水平的不断发展与提高。

二、节约用电的措施

从用电量来看，大约有70%的电能消耗在工业生产中，所以工厂必须节约用电。随着家用电器的普及，家居用电量也逐年增加，在日常生活中节约用电也是必不可少的。

1．工厂节约用电的措施

工厂节约用电包括采用有效的节电技术和加强管理两方面，具体措施如下：

（1）改造或更新用电设备。正在运行的设备和生产机械是电能的直接消耗对象。它们运行性能的优劣，直接影响到电能的消耗。因此，对用电设备和生产机械进行节电改造和更新，提高它们的运行效率，推广节能新产品，是工厂节约用电的重要措施。

（2）改进生产工艺。采用高效率、低能耗的生产新工艺代替低效率、高能耗的落后工艺，降低产品生产过程中的电能消耗。新技术、新工艺的应用和推广不但可以提高劳动生产效率，改善产品质量，还可以降低电能的消耗。

（3）加强用电管理。加强单位产品电耗定额的管理和考核，加强照明管理，节约非生产用电，积极开展电能平衡工作。

（4）整改电网，减少线路损耗。

（5）应用余热发电，提高余热发电机组的运行效率。

2．家庭节约用电措施

家庭节约用电主要体现在家用电器的选购、使用和管理方面。

（1）以节能为本，以够用为度。在添置或更换家用电器时，尽量选购节能型产品。虽然节能型家用电器的价格可能高一些，但从长远考虑，节省的电费会远远超过购置时的价格差。同时，要根据家庭人口和住房面积合理选择家用电器的容量和功率。

（2）正确使用。家用电器使用方法不对，不但会增加电耗，还会缩短使用寿命，更有甚者会造成用电事故。因此使用前要认真阅读说明书，学会正确使用家用电器。

（3）养成节约用电的良好习惯。如不要让电器长期处于待机状态，电器使用完后要拔下插头，家中没人时要切断电源等，这样，既能节约用电，节省电费，又能保证安全，避免意外事故。

三、家庭节约用电小窍门

1．照明灯具

（1）使用高效节能灯具。与普通白炽灯泡相比，节能灯的发光效率可以提高 5～6 倍，节电 60%～80%，延长使用寿命 4～6 倍。

（2）分散安装，分组控制。在需要多盏灯具的场合，灯具要分散安装，提高每一盏灯具的光能利用率，并且由多个开关分组控制，随时关闭不必要的灯具。

（3）在无须连续照明的场合，应安装具有声、光延时控制的自动开关。

（4）保持灯管（泡）表面和灯罩的清洁，确保最强的光照度和反射力。

2．电视机

（1）在不影响视听的情况下，亮度不要太亮，音量也不要太大。

（2）关机后遥控接收部分仍带电，且指示灯亮着，将消耗部分电能，关机后一定要记住关闭电源。

（3）不要频繁开关。

（4）如果是传统的 CRT 显像管电视机，在摆放时应离开墙壁至少 10cm，以利散热。

3．电冰箱

（1）电冰箱摆放时四周要有适当空间，以利通风散热。同时还要远离热源，避免阳光直射。

（2）电冰箱中食物的存放不宜过多也不要太少，以箱内容积的 80% 为宜。食物间应留有空隙，以利冷气流通。

（3）尽量减少电冰箱开门次数和时间。

（4）及时给电冰箱除霜，定期给压缩机、冷凝器除尘。

4．洗衣机

（1）衣物应尽量集中洗涤，减少投放次数，节电又节水。

（2）衣物提前浸泡 20min，可以提高洗涤效果。

（3）按衣物的种类、质地、质量合理选择功能开关。

（4）洗衣机使用 3 年以上，发现洗涤无力，要更换或调整洗涤电动机皮带，使其松紧适度。

5．空调

（1）空调室外机安装时要尽量选择背阴的地方，或者在空调器上加遮阳罩，避免阳光直接照射。室内、外机组之间的连接管越短越好，连接管要做好隔热保温措施。

（2）温度调节要适宜，夏天把温度设定为 26℃～28℃，既节电又舒适。

（3）离开空调房间前 10min 即可关闭空调；晚上开空调时，制冷 1～2h 即可关闭，然后打开电扇吹风；睡觉时将空调工作方式设置为睡眠模式。

（4）定期清洗过滤网。

6．电饭煲

（1）饭煮熟后可以立即拔下电源插头，利用电热盘的余热保温。

（2）及时清除电热盘和锅底的污垢，以免影响热能传递。

7．微波炉

（1）减少开关次数。尽快掌握各种菜肴的烹调时间，减少观看的次数，做到一次启动烹调完毕。

（2）烹调食物前，先在食物表面喷洒少许水分，可以提高微波炉的效率。

（3）在食物上加层保护膜，可以防止食物水分蒸发，既好吃又节电。

8．计算机

（1）为计算机设置休眠等待时间，如果长时间离开计算机要及时关机。

（2）降低显示器亮度。在做文字编辑时，将背景调暗些，节能的同时还可以保护视力、减轻眼睛的疲劳。当计算机在播放音乐、评书、小说等单一音频文件时，可以关闭显示器。

（3）打印机、音箱等外部设备，不用时要及时关闭。

（4）经常保养，注意防尘、防潮，保持环境清洁，定期清除机内灰尘。

项目检测

一、判断题

（1）人体电阻是非线性的，随着电压的升高，电阻值增大。

（2）通常规定固定电气设备绝缘电阻不低于 1MΩ。

（3）在非安全电压下作业时，应尽可能单手操作。

（4）高温电气设备中的电源线要用塑胶线。

（5）触电现场急救首先要采取可靠、简便的方法迅速使触电者脱离电源。

（6）如果触电者心跳停止，应采用人工呼吸进行抢救。

（7）只要技术措施和管理措施得当，防护到位，直接触电是可以避免的。

（8）采用熔断器保护时，熔体的额定电流不应大于线路长期允许负载电流的 4.5 倍。

（9）灭火器要定期检查。

（10）敷设临时线路时应先接地线，拆除时应先拆除相线。

（11）工厂节约用电包括采用有效的节电技术和加强管理两方面。

（12）在较大空间需要多盏灯具时，应集中安装，统一控制。

二、问答题

如果你是一名维修电工，在你的工作现场不幸发生了电火灾，你该如何组织现场抢救？

项目二

整理工具箱

项目目标

通过本项目的学习,应达到以下学习目标:

(1)能识别并正确使用验电笔、尖嘴钳、平口钳、剥线钳、断线钳、螺丝刀、电钻等常用电工工具。

(2)能识别并正确使用万用表、兆欧表、钳形电流表等常用电工仪表。

(3)能正确使用手锯、锉刀、钻头进行简单的钳工操作。

项目内容

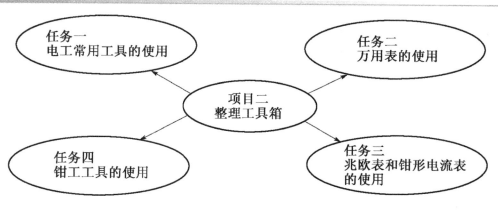

项目进程

 任务一 电工常用工具的使用

【任务情境】

祝宗雪同学家旁边便利店的一场大火,给小祝的爸爸敲响了警钟,他希望祝宗雪同学能检查一下家中的室内线路,以便决定是否更换线路。小祝同学愉快地答应了,趁着周末,叫上同学,背上学校新发的电工包,忙碌了起来。

【任务描述】

学会正确使用验电笔、尖嘴钳、平口钳、剥线钳、断线钳、螺丝刀、电钻等常用电工工具。

【计划与实施】

一、认一认

图 2-1-1 所示的工具，知道它们的名称吗？

图 2-1-1　常用电工工具

二、说一说

常用电工工具的特点和作用。

三、看一看

老师或工人是怎样使用这些工具的？

四、做一做

你是怎么使用这些工具的？

五、想一想

使用这些工具有什么注意事项？

【练习与评价】

一、练一练

练习使用各种常用电工工具。

二、评一评

请反思在本任务进程中你的收获和疑惑，写出你的体会和评价。

任务总结与评价表

内　容	收　获	疑　惑
获得知识		
掌握方法		
习得技能		
学习体会		
学习评价	自我评价	
	同学互评	
	老师寄语	

【任务资讯】

一、验电笔的使用

验电笔又称为低压验电器，简称为电笔，是用来检测导线、开关、插座等电器及电气设备是否带电的工具。检测电压在 60～500V 之间。如图 2-1-2 所示，常用的验电笔有笔式和螺丝刀式，其结构由氖管、电阻、弹簧、笔身和笔尖组成。用验电笔时，被测带电体通过电笔、人体与大地之间形成电位差，产生电场，电笔中的氖管在电场作用下发出红光。因此，使用验电笔要注意正确的握持方法，并使氖管的窗口面向自己的眼睛。

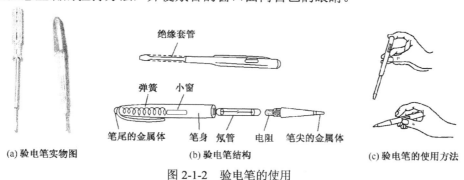

(a) 验电笔实物图　　(b) 验电笔结构　　(c) 验电笔的使用方法

图 2-1-2　验电笔的使用

二、螺丝刀的使用

螺丝刀又称螺丝旋具或起子，是用来拆卸、紧固螺钉的工具。按头部形状分，有一字形和十字形两种。如图 2-1-3 所示，使用小螺丝刀时可用大拇指和中指夹住握柄，用食指顶住柄的末端捻旋。使用大螺丝刀时，除大拇指、食指、中指要夹住握柄外，手掌还要顶住柄的末端，以防止旋转时滑脱。

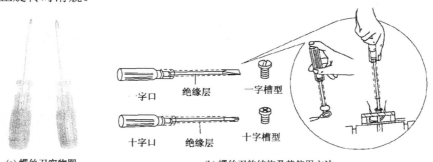

(a) 螺丝刀实物图　　(b) 螺丝刀的结构及其使用方法

图 2-1-3　螺丝刀的使用

在电工作业中使用螺丝刀时还应注意：① 不能使用通心螺丝刀；② 手不可接触螺丝刀的铁杆，以防触电。

三、钳子的使用

钳子的种类很多，常用的有尖嘴钳、平口钳、剥线钳和断线钳等。由于用途不同，各种钳子的形状也不相同，各自具有不同的特点，如图 2-1-4 所示。

尖嘴钳　　　　　　　平口钳　　　　　　　剥线钳　　　　断线钳

图 2-1-4　各种钳子

1．尖嘴钳

尖嘴钳的头部尖细，适合在狭小的空间使用。有铁柄与绝缘柄、带刃口与不带刃口等几种不同的类型。电工作业中必须使用带塑料绝缘柄的钳子，其绝缘柄工作耐压为 500V。

尖嘴钳在电工作业中主要用于夹持小螺母、小垫圈等小零件；将单根导线弯曲成型；带有刃口的尖嘴钳还能剪断细金属丝。

2．平口钳

平口钳又称钢丝钳。由钳头和钳柄两部分组成，钳头由钳口、齿口、刀口和铡口四部分组成，如图 2-1-5 所示。钳口用于弯绞或钳夹导线线头；齿口可以紧固或起松螺母；刀口用于剪切导线或剖削软导线绝缘层；铡口用于铡切导线线芯、钢丝或铁丝等较硬金属。

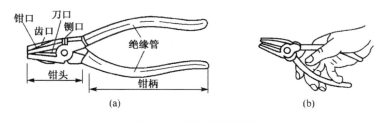

图 2-1-5　平口钳的使用

3．剥线钳

剥线钳是用来剥掉电线端部绝缘层的专用工具。使用剥线钳剥离绝缘层，效率高、剥线尺寸准确、不易损坏芯线。剥线钳的手柄是绝缘的，可带电操作，工作耐压为 500V。剥线钳的钳口有数个不同直径的槽，可以适应不同直径的电线。使用剥线钳时，先选好被剥除导线的绝缘层长度，然后将导线放入相应的刃口中（刃口比导线的直径稍大），用手将钳柄一握，导线的绝缘层即被割破而断开。

4．断线钳

断线钳又名偏口钳或斜口钳，专门用于剪切多余的线头、绝缘套管、尼龙线卡，剪断较粗的金属丝、线材、电缆等。

四、电工刀的使用

电工刀是用来剖削导线线头，切割圆木、木台缺口，削制木榫的工具，如图 2-1-6 所示。使用电工刀时，应将刀口朝外剖削，以免伤手；剖削绝缘层时，应使刀面与导线成较小的锐角，以免割伤导线；电工刀的刀柄是无绝缘保护的，不能在带电导线或器材上剖削，以免触电。

五、电钻的使用

电钻是利用钻头加工小孔的常用电动工具，分手枪式和手提式两种，如图 2-1-7 所示。一般手枪式电钻加工孔径为 $\phi0.3\sim\phi6.3$mm。手提式电钻加工范围较大，加工孔径为 $\phi6\sim\phi13$mm。

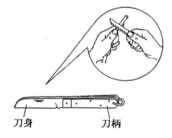

刀身　　　　　刀柄

图 2-1-6　电工刀的使用

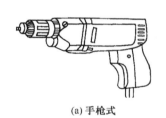

(a)手枪式　　　　　(b)手提式

图 2-1-7　电钻

电钻在使用中应注意以下几点：

（1）使用前首先要检查电线绝缘是否良好，如果电线有破损，可用绝缘胶布包好。

（2）电钻接入电源后，要用试电笔测试外壳是否带电，若外壳带电则不能使用。操作中需接触手电钻外壳时，应佩戴绝缘手套，穿电工绝缘鞋并站在绝缘板上。

（3）在使用电钻的过程中，钻头应垂直于被钻物体，用力要均匀，当钻头卡在被钻物体内时，应停止钻孔，检查钻头是否卡得过松，并重新紧固钻头后再使用。

（4）钻头在钻金属孔的过程中，若温度过高，很可能引起钻头退火，因此钻孔时要适量加一些冷却润滑油。

 任务二　万用表的使用

【任务情境】

在家中检查线路时，祝宗雪同学发现储藏室里的照明灯不亮了，故障原因在哪里呢？是灯泡？线路？还是开关？这时，小祝同学要用到什么工具和仪表呢？

【任务描述】

会用万用表进行电阻、电压、电流的测量。

【计划与实施】

一、认一认

拿出工具包里的万用表认一认，是哪种类型？什么型号的？

二、说一说

万用表面板上各种旋钮、插孔的作用和选择。

三、写一写

万用表测电阻、电压和电流的步骤。

四、测一测

用你的万用表测一测电阻、电压和电流并正确读数。

五、想一想

使用万用表有哪些注意事项？

【练习与评价】

一、练一练

1．填空题

（1）指针式万用表主要由_____、_____、_____和_____四部分组成。

（2）一般情况下，指针式万用表表头的满刻度电流只有_____到_____。

（3）在使用万用表之前要先进行_____。

（4）万用表使用完毕，应将转换开关置于_____，如果长时间不用还应将万用表_____。

（5）目前数字式万用表均采用_____电路，测量结果由_____直接以数字形式显示出来。

（6）数字式万用表中，OHM 表示_____，COM 表示_____，AUTO CAL 表示_____，BATT 表示_____。

2．判断题

（1）万用表是多电量、多量程的测量仪表。

（2）指针式万用表的刻度盘中，欧姆刻度线是均匀的。

（3）在选择万用表量程时，一般要使指针在满刻度的1/2以内。

（4）使用万用表测量某一电量时，不能在测量的同时换挡。

（5）在测量电阻时不能带电测量。

（6）使用万用表测量交流电流时，指示的值是最大值。

（7）如果不知道被测电量的大致范围，应把转换开关置于相应电量的最大量程挡。

（8）数字式万用表的输入阻抗低，所以对被测电路的影响小。

（9）如果用数字式万用表的直流电压挡测量交流电压，将显示"000"。

（10）不管使用什么类型的万用表测量电阻，读数时都要乘以倍率。

3．实践题

练习使用万用表：用指针式（或数字）万用表测量电压、电流、电阻。

1）准备操作器材

（1）直流电源（0～50V）1台；

（2）交流电源（0～220V）1台；

（3）指针式（或数字式）万用表1只；

（4）阻值不同的电阻若干；

（5）额定电压不同的小灯泡两只；

（6）导线、开关若干。

2）操作步骤

（1）测量交、直流电压：调节交流电源和直流电源的不同输出值，将万用表置于合适的量程进行测量，并把测量数据记录于表2-2-1和表2-2-2中。

表2-2-1　测量交流电压

交流电压值/V	50	60	70	100	120	150	170	190	200	220
所选量程										
测量值/V										

表2-2-2　测量直流电压

直流电压值/V	5	10	15	20	25	30	35	40	45	50
所选量程										
测量值/V										

（2）测量交、直流电流：把小灯泡分别连接在交流电源和直流电源上，在小灯泡的额定电压以内调节交流电源和直流电源的不同输出值，测量相应的电流值，并把数据记录于表2-2-3和表2-2-4中。

表2-2-3　测量交流电流

交流电压值/V						
所选量程						
交流电流值/A						

表 2-2-4　测量直流电流

直流电压值/V										
所选量程										
直流电流值/A										

（3）测量电阻：根据给定的电阻标称值选择合适的量程测量电阻，并把测量结果记录于表 2-2-5 中。

表 2-2-5　测量电阻

被 测 电 阻	R_1	R_2	R_3	R_4	R_5	R_6	R_7	R_8	R_9	R_{10}
标称值/Ω										
所选量程										
测量值/Ω										

二、评一评

请反思在本任务进程中你的收获和疑惑，写出你的体会和评价。

任务总结与评价表

内　　容		收　　获	疑　　惑
获得知识			
掌握方法			
习得技能			
学习体会			
学习评价	自我评价		
	同学互评		
	老师寄语		

【任务资讯】

万用表是一种多用途的电工仪表，是从事电工，以及电器、电子产品生产和维修最常用的工具。万用表的种类很多，但根据其显示方式的不同，一般可分为指针式万用表和数字式万用表。前者的主要部件是指针式电流表，测量结果由指针指示；后者主要应用了数字集成电路等器件，测量结果直接以数字显示。如图 2-2-1 所示是几种常见的 MF 系列指针式万用表。

图 2-2-1　MF 系列指针式万用表

大多数万用表可以测量电阻、直流电压、交流电压、直流电流、交流电流等多种参数。有的万用表还可以测量音频电平、电感、电容和某些晶体管特性。基于这些参数的测试，万用表还可以用来间接检查各种电子元器件的好坏，检测和调试几乎所有的电子设备。它使用灵活、携带方便、用途广泛，尤其是随着数字集成电路技术的发展而出现的数字式万用表，功能更强、精度更高，使用更加方便。

一、万用表的基本结构

万用表主要由测量机构（俗称表头）、转换开关、测量电路和刻度盘四部分构成。MF40 型指针式万用表的外形如图 2-2-2 所示。

1. 表头

万用表的表头通常采用灵敏度高、准确度好的磁电系测量机构，它是万用表的核心部件，其作用是指示被测电量的大小。万用表性能的好坏很大程度上取决于表头的性能。灵敏度和内阻是表头的两项重要技术指标。灵敏度是指表头的指针达到满刻度时通过的直流电流的数值，称为满度电流或满偏电流。满偏电流越小，灵敏度越高，一般情况下，万用表的满偏电流在几微安到几百微安之间。内阻是指磁电系测量机构中线圈的直流电阻，大多数万用表表头内阻在几千欧/伏到一百千欧/伏之间。

2. 转换开关

图 2-2-2　MF40 型指针式万用表的外形

转换开关的作用是根据被测电量的不同，通过转换挡位来选择电学量及其量程。它是由多个固定触点和活动触点构成的多刀多掷开关，各刀之间是联动的。转换开关旋钮周围有各种符号，它们的作用和含义如下：

"Ω"表示电阻挡，以欧姆为单位。"×"表示倍率，"k"表示 1000，"×k"表示表盘上 Ω 刻度线读数要乘以 1000。

"DCV"表示直流电压挡，以伏特（V）为单位。各分挡上的数值就是量程。

"ACV"表示交流电压挡，以伏特（V）为单位。各分挡上的数值与 DCV 挡相同。

"DCmA"和"DCμA"表示直流电流挡，分别以毫安（mA）和微安（μA）为单位，各分挡上的数值也表示量程。

3. 测量电路

万用表之所以能用一只表头测量多种电学量且具有多挡量程，就是因为有测量电路进行转换。测量电路就是把被测的不同电学量转换成适合表头指示的同一种直流电流。例如，将被测的大电流通过测量电路的分流电路，使测量时通过表头的为其允许通过的小电流。测量电路是万用表的中心环节，包括多量程电流表、多量程电压表和多量程欧姆表等几种转换电路，主要由电阻、电容和整流元件组成。

4. 刻度盘

万用表是多电学量、多量程的测量仪表，为了读数方便，万用表的刻度盘中印有多条刻度线，并附有各种符号加以说明。

万用表刻度盘上的刻度和符号有如下特点：

（1）刻度线分均匀和非均匀两种。其中电流和电压的刻度线是均匀的，欧姆刻度线是非均匀的。

（2）不同电学量用符号和文字加以区别。例如，直流量用"－"或"DC"表示，交流量用"～"或"AC"表示，电阻量用"Ω"表示等。

（3）为了便于读数，部分刻度线上有多组数字。

（4）多数刻度线上没有单位，以便在选择不同量程时使用。

二、万用表的工作原理

指针式万用表将被测电学量转换为指针的偏转角，并使两者之间保持一定的比例关系。这样，偏转角的大小就反映了被测电学量的数值，而表头就是用来实现这一功能的核心部件。

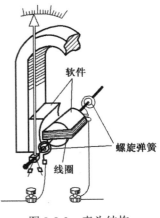

图 2-2-3　表头结构

如图 2-2-3 所示，表头由固定部分和活动部分构成。固定部分主要用来产生一个均匀的辐射状磁场。活动部分主要包括线圈和螺旋弹簧（又称游丝），线圈就处于该磁场中，当线圈中通过被测对象经测量电路形成的电流时，就会产生转动力矩，使线圈转动。线圈转动不仅使指针偏转，还使与线圈相连的螺旋弹簧变形，从而产生反抗力矩。反抗力矩的大小与线圈的转动角度成正比，当反抗力矩与转动力矩相等时，线圈就停止转动，指针也就稳定在某一个偏转角上，从而起到指示作用。

三、数字式万用表简介

数字式万用表是目前较为常用的一种数字化仪表。近年来随着大规模集成电路的发展，数字式万用表也得到了迅速发展。数字式万用表凭着优良的性能，深受专业技术人员和广大无线电爱好者的喜爱，并得以迅速推广和普及，正逐步成为电子与电工测量及各种电气设备维修中必备的仪表。

1. 数字式万用表的特点

（1）数字显示，直观准确。数字式万用表采用数字化测量和显示技术，通过液晶显示器把测量结果直接以数字的形式显示出来，使测量结果一目了然，避免了指针式万用表的读数误差。

（2）测量速率快。测量速率是指仪表在每秒内对被测电路的测量次数，一般数字式万用表的测量速率是每秒 2～5 次，而有些数字式万用表可达每秒几十次，甚至每秒几百到上千次。

（3）输入阻抗高。输入阻抗高可以减小对被测电路的影响。数字式万用表具有很高的输入阻抗，一般的数字式万用表电压挡输入电阻为 $10M\Omega$，甚至高达 $10G\Omega$。

（4）集成度高，便于组装和维修。目前大多数数字式万用表都采用中大规模集成电路，外围电路十分简单，组装和维修都很方便，同时也使万用表体积大大缩小。

（5）测量功能齐全。数字式万用表一般都可测量交流电流（ACA）、直流电流（DCA）、交流电压（ACV）、直流电压（DCV）、电阻（Ω）、二极管正向压降（U_F）、晶体管放大系数（h_{FE}）。有些数字式万用表还可以测量电容（C）、电导（nS）、温度（T）、频率（f），并设有检查线路通断的蜂鸣器挡（BZ）。一些新产品还增加了读数保持（HOLD）、逻辑测试（LOGIC）、真有效值测量（TRMS）、相对值测量（RETΔ）和自动关机（AUTO OFF POWER）等功能。

（6）保护功能齐全。数字式万用表内部有过流、过压保护电路，过载能力很强。在不超过极限值的情况下，即使出现误操作，也不会损坏内部电路。数字式万用表还具有功耗低、抗干扰能力强等特点。

2．数字式万用表的分类

数字式万用表种类繁多，型号各异。目前，国内外生产的数字式万用表型号已多达数百种。按其功能可分为以下几种。

1）普及型数字式万用表

普及型数字式万用表电路简单，成本较低，除具备测量电压、电流、电阻等基本功能外，一般还设有二极管和蜂鸣器挡，有的还带有 h_{FE} 插孔。常见的型号有 DT810、DT830、DT830A、DT830B、DT830C、DT830D、DT860B、DT910、3211B 等。

2）多功能数字式万用表

多功能数字式万用表一般都增加了电容挡、测温挡、频率挡、电导挡等功能，有的还设有逻辑电平测试挡。这一类数字式万用表的典型产品有 DT890B、DT890C、DT890D、DT930F、DT940C、DT970、DT960、DT100 等。

3）多重显示数字式万用表

多重显示数字式万用表采用"数字/模拟条图"双显示技术，解决了数字式万用表不适宜测量连续变化量的难题。这类数字式万用表显示器分 3 位（或 4 位）数字显示和 41 段模拟条显示两部分。既可以通过数字显示读取数据，又可以通过模拟条观察被测电学量的变化情况。其典型产品型号有 DT950、DT960T、BY1935、SIC6010、SIC6030，以及 Fluke 公司生产的 73、75、77、87、88 型等。

四、指针式万用表的基本使用方法

1．插孔的选择

万用表的插孔用来接插表笔，红色表笔的插头应插入标有"+"符号的插孔中，黑色表笔的插头应插入标有"−"或"*"符号的插孔中。红、黑表笔的区分是根据万用表内部电路来决定的，在测量直流电流或电压时，应使电流从红表笔流入，由黑表笔流出。这样，万用表才能正确指示出被测电量的数值。否则不仅不能测量，还很可能毁坏万用表。因此，在使用时一定要把红、黑表笔插入相应的插孔中。

在很多万用表中，除红、黑表笔的插孔外，还有一些其他的辅助插孔。这些插孔因万用表的不同而有所差异，如 MF386 型万用表，还有"1500V"和"DC2.5"插孔。"1500V"插孔是用来测量直流电压的，当被测电压在 500～1500V 之间时，将红表笔插入该插孔中，黑表笔插入标"*"符号的插孔，同时把万用表的转换开关置于直流电压 500V 挡位。"DC2.5"插孔只在测量 0.25～2.5A 之间的直流电流时使用，使用时将万用表红表笔插入该插孔中，黑表笔插入标"*"符号的插孔，同时把万用表的转换开关置于直流电流任何量程挡上即可。

2．电量和量程的选择

万用表是一个多电量、多量程的测量仪表，在测量前应先根据被测电量及其大概数值选择相应的电量和量程。例如，测量 220V 交流电时，将转换开关置于交流电压挡，并选择量程 250V 或 500V。不同万用表在选择电量和量程时有两种方法，一种是同时选择，即一个转

换开关在选择量程的同时，还能选择电量；另一种是分别选择，即用两个转换开关，一个用来选择被测电量的种类，另一个用来选择量程。

在选择万用表量程时，一般要使指针指示在满刻度 1/2 或 2/3 左右的位置。这样便于读数，读出的结果也比较准确。如果不知道被测电量的范围，可先选择最大的量程，若指针偏转很小，再逐步减小量程。

3．数值的读取

一般在万用表的表盘上有多条刻度线，它们分别在测量不同电量时使用，读数时应在相应的刻度线上去读。例如，标有"DC"或"–"的刻度线可用来读取直流量，标有"AC"或"～"的刻度线可用来读取交流量。在读数时，眼睛应位于指针的正上方，对于有反射镜的万用表，应使指针和镜像中的指针相重合，这样可以减小读数误差，提高读数准确性。在测量电流和电压时，还要根据所选择的量程，先确定刻度线每一小格所代表的值，再确定最终的读数。

五、使用指针式万用表的注意事项

（1）在使用万用表测量电量之前应先进行"机械调零"。即在测量前观察表头指针是否处于零位，若不在零位，则应调整表头下方的机械调零旋钮，使其归零。

（2）在使用万用表测量电量时，不能用手接触表笔的金属部分。这样一方面可以保证测量结果的准确度，另一方面可以保证测量人员的人身安全。

（3）不能在测量的同时换挡，尤其是在测量高电压或大电流时，更要注意。否则，会毁坏万用表。如需换挡，应先断开表笔，换挡后再测量。

（4）应在干燥、无振动、无强磁场的环境下使用万用表，测量时必须水平放置，以免造成误差。

（5）万用表使用完毕，应将转换开关置于交流电压的最大挡。如长期不使用，还应将万用表内的电池取出，以免电池漏液腐蚀表内其他器件。

六、指针式万用表的具体使用

1．使用万用表测量交流电压的方法和注意事项

（1）测量前，必须将转换开关置于相应的交流电压量程挡。如果误用直流电压挡，表头指针会不动或略微抖动；如果误用直流电流挡或电阻挡，轻则打弯指针，重则烧毁表头。

（2）测量时将表笔并联在被测电路或元器件两端。

（3）要养成单手操作的习惯，在测高电压时更要如此。要预先把一支表笔固定在被测电路的公共接地端，单手拿另一支表笔进行测量。

（4）表盘上交流电压刻度线指示正弦交流电压的有效值，如果被测电量不是正弦交流电压时，误差会很大，测量数据只能作为参考。

（5）表盘上大多都标明了使用频率范围，一般为 45～1000Hz，如果被测交流电压的频率超过该范围，误差会增大，测量数据也只能作为参考。

2．使用万用表测量直流电压的方法和注意事项

直流电压的测量方法和注意事项与测量交流电压时基本相同。只是在测量前必须注意表

笔的正、负极性，将红表笔接触被测电路或元器件的高电位，黑表笔接触被测电路或元器件的低电位。若表笔接反了，表头指针会反向偏转且容易撞弯指针。

如果事先不知道被测点电位的高低，可将任意一支表笔先接触被测电路或元器件的任意一端，另一支表笔轻轻地试触一下另一被测端，若指针向右偏转，说明表笔正、负极性接法正确，若指针向左偏转，说明表笔正、负极性接法错误，交换表笔即可。这就是"点触法"。

3．使用万用表测量直流电流的方法和注意事项

（1）万用表必须串联在被测电路中。测量时，要先断开电路串入万用表。如果误接成并联，容易造成短路，导致电路和万用表被烧毁。

（2）必须注意表笔的正、负极性，使电流从红表笔流进万用表，由黑表笔流出。若不能判断被测电路电流的方向，可参照"使用万用表测量直流电压的方法和注意事项"中的方法进行判断。

4．使用万用表测量电阻的方法和注意事项

（1）严禁在被测电路带电的情况下测量电阻。因为这相当于将被测电阻两端的电压引入万用表内部的测量线路，会导致测量误差。如果引入的电压过大，还会烧坏表头，所以在测量前必须切断被测电路电源。

（2）测量电阻时直接将表笔跨接在被测电路的两端。

（3）测量电阻时应选择合适的倍率挡，使指针尽可能接近刻度线的几何中心，以提高测量数据的准确度。这是因为电阻刻度线的刻度是不均匀的，越向左端，刻度越密，读数误差越大。还要注意，欧姆挡的读数与电压挡、电流挡不同，被测电阻的测量值等于测量时指针指示的数值乘以倍率。

（4）测量前或每次更换倍率挡时，都应重新调整欧姆零点。即将两表笔短路，并同时转动零欧姆调整旋钮，使表头指针准确停留在欧姆刻度线的零点。如果指针不能指到欧姆零点，说明表内电池电压太低，已不符合要求，应该更换。

（5）测量中不允许用手同时触及被测电阻两端，以免并联上人体电阻，使读数减小，造成测量误差。测量间隙，应注意不要使两支表笔相接触，以免短路空耗表内电池。

（6）在检测热敏电阻时，应注意由于电流的热效应，会改变热敏电阻的阻值，这种测量数据只供参考。

七、数字式万用表的基本使用方法

1．数字式万用表的面板说明

数字式万用表的种类繁多，功能各异，其面板分布也是千差万别。下面以 DT890 型数字式万用表为例，介绍数字式万用表的面板。

如图 2-2-4 所示，DT890 型数字式万用表面板上有显示器、电源开关、h_{FE} 测量插孔、量程转换开关、电容零点调

图 2-2-4 DT890 型数字式万用表

节旋钮、四个输入插孔等。数字式万用表的面板上各插孔、开关、旋钮都标有一些符号，认清这些符号所代表的意义，是使用好数字式万用表的前提。表 2-2-6 中列出了数字式万用表中的一些常用符号及其意义。

表 2-2-6　数字万用表的常用符号及其意义

常 用 符 号	意　　义
ACA	交流电流挡
AC/DC(～)	交流、直流选择
ACV	交流电压挡
AUTO CAL	自动校准
AUTO OFF POWER	自动关断电源
BATT（TO BAT 或←）	低电压指示符
BZ	蜂鸣器
CAP（C_X 或 C）	电容挡
COM	公共接地插孔，接黑表笔
DCA	直流电流挡
DCV	直流电压挡
F（f 或 FREQ）	频率挡
FAST FUSE	快速熔丝管
FS（f. S 或 RNG）	满度值（满量程）
f/v/Ω（VΩF）	频率、电压、电阻测量插孔
h_{EF}	三极管放大倍数测量插孔
HOLD（█DH）	读数保持
Hz	频率测量插孔
LCD	液晶显示器
mA(A)	电流测量插孔
MEMORY (MEM)	数据存储
MR	速率测量
nS	电导挡
NPN (PNP)	NPN (PNP)晶体管测量插孔
OHM (Ω)	电阻挡
OHM LOW(LOW Ω)	低功率法电阻测量
OR (OVER RANGE)	超量程
POWER ON (OFF)	电源开（关）
RANGE	量程
RH	量程保持
SLEEP (MODE)	休眠模式（备用状态）
T (TEMP)	温度挡
TRMS (TRUE RMS)	真有效值功能键
UR (UNDER RANGE)	欠量程
VΩ (V/Ω)	电压、电阻测量插孔
ZERO ADJ	电容挡调零插孔

续表

常 用 符 号	意 义
Ⓗ	读数保持标志符
°C (K TYPE)	温度测量插孔
⮜⊸♪	蜂鸣器及二极管挡
|	溢出标志符（溢出时在最高位出现）
⚠	相对值测量标志符
⚠	注意！应参照说明书操作
⚡	危险！此处可能出现高压
OL	过载或超量程

2．数字式万用表使用前的检查与注意事项

（1）将电源开关置于 ON 状态，显示器应有数字或符号显示。若显示器出现低电压符号"🔋"，应立即更换 9V 电池。如果停止使用或停留在一个挡位上的时间超过 30min，电源将自动切断，使万用表进入停止工作状态。若要重新开启电源，应重复按动电源开关两次。

（2）表笔插孔旁的"⚠"符号，表示测量时输入电流、电压不得超过量程规定值。否则会损坏内部测量电路。

（3）测量前转换开关应置于所需量程。测量交、直流电压，或交、直流电流时，若不知被测电量的数值，可将转换开关置于最大量程，在测量中按需要逐步下降。

（4）若显示器只显示："1"，表示量程选择偏小，要将转换开关置于更高的量程。

（5）在高电压线路上测量电流、电压时，应注意人身安全。当转换开关处于"Ω"和"⮜⊸♪"挡时不能引入电压。

3．直流电压的测量与注意事项

（1）将黑表笔插入 COM 插孔，红表笔插入 V/Ω插孔；

（2）将转换开关置于"DCV"范围的合适量程；

（3）仪表与被测电路并联，红表笔接被测电路的高电位端，黑表笔接被测电路的低电位端；

（4）注意，该仪表不得用于测量高于 1000V 的直流电压。

4．交流电压的测量与注意事项

（1）表笔的插法同"直流电压的测量"；

（2）将转换开关置于"ACV"范围的合适量程；

（3）仪表与被测电路并联，红、黑表笔不分极性；

（4）注意，该仪表不得用于测量高于 700V 的交流电压。

5．直流电流的测量与注意事项

（1）将黑表笔插入 COM 插孔，被测量的电流最大值不超过 200mA 时，红表笔插入"mA"插孔，被测量的电流在 200mA～20A 之间时，红表笔插入"20A"插孔；

（2）将转换开关置于"DCA"范围合适的量程；

（3）仪表串入被测电路，红表笔接被测电路的高电位端，黑表笔接被测电路的低电位端；

（4）注意，如果量程选择不对，过量电流会烧坏熔丝，应及时更换（20A 电流量程无熔丝）；最大测试电压不能超过 200mV。

6．交流电流的测量与注意事项

（1）表笔的插法同"直流电流的测量"；
（2）将转换开关置于"ACA"范围合适的量程；
（3）仪表串入被测电路，红、黑表笔不分极性；
（4）注意事项同"直流电流的测量"。

7．电阻的测量

（1）将黑表笔插入 COM 插孔，红表笔插入 V/Ω插孔；
（2）将转换开关置于"OHM（Ω）"范围合适的量程；
（3）仪表与被测电阻并联；
（4）注意：①所测电阻值不乘倍数，直接按所选量程及单位读数；②测量大于 1MΩ的电阻时，显示的数值要几秒后方能稳定属正常现象；③表笔开路状态显示为"1"；④测量电阻时严禁被测电阻带电；⑤采用 200Ω量程挡时，应先将两支表笔短路，测出表笔引线的电阻值（一般为 0.1～0.3Ω），再测量被测电阻，并从测量结果中减去表笔引线的电阻值。

任务三　兆欧表和钳形电流表的使用

【任务情境】

祝宗雪同学家的线路已有十几年了，会不会老化？在检查中，小祝同学发现洗衣机有漏电的感觉，怎样才能正确判断家用电器是否漏电呢？

【任务描述】

学会正确使用兆欧表和钳形电流表。

【计划与实施】

一、认一认

图 2-3-1 中是什么仪表？

图 2-3-1　仪表

二、说一说

（1）"L"、"E"、"G"各是什么接线柱？

（2）如何进行兆欧表的开路和短路试验？

（3）钳形电流表测量前要做什么？

三、测一测

（1）电动机的绝缘性能。

（2）电动机两组绕组间的绝缘电阻。

（3）电缆的绝缘电阻。

四、想一想

使用兆欧表和钳形电流表有哪些注意事项？

【练习与评价】

一、练一练

1．判断题

（1）兆欧表的"L"端是接地线的。

（2）兆欧表在使用前应进行开路试验和短路试验。

（3）兆欧表测量绝缘电阻要等手柄停下来后再读数

（4）测量前要对指针式钳形电流表进行机械调零。

（5）测量完毕应将钳形电流表的量程选择旋钮置于高量程挡位上。

2．实践操作题

测量套管导线的绝缘电阻。

二、评一评

请反思在本任务进程中你的收获和疑惑，写出你的体会和评价。

任务总结与评价表

内　　容		收　　获	疑　　惑
获得知识			
掌握方法			
习得技能			
学习体会			
学习评价	自我评价		
	同学互评		
	老师寄语		

【任务资讯】

一、兆欧表及其使用

兆欧表也称绝缘电阻表，是测量绝缘电阻最常用的仪表。因绝缘电阻常用兆欧（MΩ）作为计量单位，所以称为兆欧表。它在测量绝缘电阻时采用手摇发电机产生高压电源，又称为摇表。主要用于测量电气设备、家用电器或电气线路对地及相间的绝缘电阻。兆欧表有500V、1000V、2500V、5000V 等各种电压规格，对于 500V 及以下的电气设备，常用 500V 或 1000V 的兆欧表来测量。

1．兆欧表的外形结构

兆欧表的外形结构如图 2-3-2 所示。兆欧表有三个接线柱："L"是线路接线柱，"E"是接地接线柱，"G"是屏蔽端或称保护环。

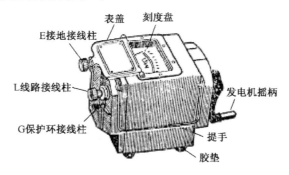

图 2-3-2　兆欧表的外形结构

2．兆欧表的使用

（1）兆欧表在使用前应进行开路试验和短路试验，以判断是否正常。开路试验如图 2-3-3(a) 所示，先将兆欧表的两接线端分开，再摇动手柄，正常时，兆欧表指针应指在"∞"处。短路试验如图 2-3-3(b)所示，先将兆欧表的两接线端短接，再摇动手柄，正常时，兆欧表指针应指在"0"处。

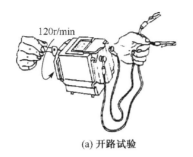
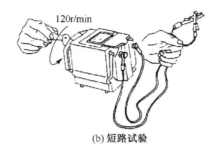

(a) 开路试验　　　　　　　　　　(b) 短路试验

图 2-3-3　兆欧表使用前的试验

（2）使用兆欧表时，一般只使用"L"端和"E"端。例如，检测电动机对地绝缘性能时，用单股导线将"L"端与电动机的待测部位连接，"E"端接电动机外壳，如图 2-3-4(a)所示；在检测电动机绕组间的绝缘性能时，用单股导线将"L"端和"E"端分别接在电动机两个绕组的接线端，如图 2-3-4(b)所示。

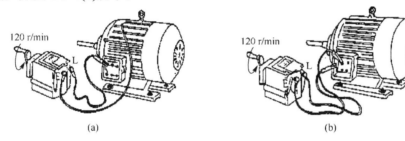

(a)　　　　　　　　　　　　　　(b)

图 2-3-4　兆欧表测量电动机的绝缘性能

（3）当测量电缆的绝缘电阻或被测物表面严重漏电时，必须将被测物的屏蔽层或无须测量的部分与"G"端相连接。

（4）线路连接后，顺时针摇动手柄，由慢到快，当转速达到 120r/min 左右时，保持匀速转动，边摇边读数。

（5）兆欧表使用完毕后，应及时对兆欧表"放电"（即将"L"、"E"两导线短接），以免发生触电事故。

3．使用兆欧表和注意事项

（1）使用兆欧表时，应放置在平稳的地方，以免在摇动手柄时，因表身抖动和倾斜产生测量误差。

（2）使用兆欧表测量绝缘电阻，只能在被测物不带电也没有感应电的情况下测量。

（3）兆欧表未停止转动以前，切勿用手去触及设备的测量部分或兆欧表接线柱。拆线时也不可直接触及引线的裸露部分。

（4）禁止在雷电时或附近有高压导体的设备上测量绝缘电阻。

（5）兆欧表应定期校验。

二、钳形电流表及其使用

钳形电流表是一种在不断电的情况下，就能测量交流电流的专用仪表，分指针式和数字式两种，其外形结构如图 2-3-5 所示。

指针式钳形电流表的使用步骤和方法如下。

1．测量前

测量前要对指针式钳形电流表进行机械调零，即检查钳形电流表的指针是否指向零位，若发现未指向零位，可用小螺丝刀轻轻旋动机械调零旋钮，使指针回到零位上。另外，还要清洁钳口，检查钳口的开合情况以及钳口面上有无污物，如钳口面有污物，可用溶剂洗净，并擦干；如有锈斑，应轻轻擦去。

1—电流表；2—电流互感器；
3—铁芯；4—被测导线；
5—二次绕组；6—手柄；
7—量程选择开关

图 2-3-5　钳形电流表的外形结构

2．测量时

测量时，先选择量程。应将量程选择旋钮置于合适位置，使测量时指针偏转后能停在精确刻度上，以减小测量误差。然后紧握钳形电流表把手和扳手，按动扳手打开钳口，将被测线路的一根载流电线置于钳口内中心位置，再松开扳手使两钳口表面紧紧贴合，将钳形电流表拿平，然后读数，即测得电流值。

3．测量后

测量完毕，退出被测电线。将量程选择旋钮置于高量程挡位上，以免下次使用时损伤仪表。

任务四　钳工工具的使用

【任务情境】

经过祝宗雪同学认真仔细的检查，发现家里的线路存在一些安全隐患。由于家用电器的增多，导线的线径也显得过小。为了防患于未然，小祝同学的爸爸决定更换线路。要更换线路，小祝同学还要做好哪些准备工作？还要用到什么工具呢？

【任务描述】

正确使用手锯、锉刀、钻头进行简单的钳工操作。

【计划与实施】

一、认一认

图 2-4-1 中是什么工具？有什么作用？

图 2-4-1　工具

二、看一看

老师或工人师傅是怎么使用这些工具的。

三、说一说

锯割、锉削、钻孔的动作要领。

四、做一做

（1）锯一锯。

（2）锉一锉。

（3）钻一钻。

【练习与评价】

一、练一练

1．判断题

（1）中齿锯条适用于锯割硬材料或薄材料工件。

（2）整形锉刀又称为什锦锉刀。

（3）手工锯割起锯时锯条往复行程要短，压力要小，速度要慢。

（4）在锉削过程中回收锉刀时不能将锉刀提离工作面。

2．实践操作题

练习锯割、锉削、钻孔。

二、评一评

请反思在本任务进程中你的收获和疑惑，写出你的体会和评价。

任务总结与评价表

内　　容	收　　获		疑　　惑
获得知识			
掌握方法			
习得技能			
学习体会			
学习评价	自我评价		
	同学互评		
	老师寄语		

【任务资讯】

一、手锯

手锯由锯弓和锯条组成。

1. 锯弓

锯弓是用来安装锯条的，有固定式和可调式两种。如图 2-4-2 所示，固定式锯弓只能安装一种长度的锯条；可调式锯弓通过调整可以安装几种不同长度的锯条。

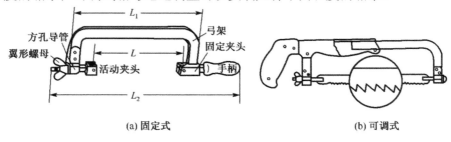

(a) 固定式　　　　　　　　　　　　　(b) 可调式

图 2-4-2　锯弓

2. 锯条

锯条是锯割的刀具，一般采用碳素工具钢制成，并经热处理淬硬。锯条规格以其两端安装孔的中心距表示，一般长为 150～400mm，常用的锯条长是 300mm。

锯条根据锯齿的不同分为粗齿、中齿、细齿三种。粗齿齿距有 1.4mm，1.8mm 等几种，适用于锯割软材料或较厚的工件。中齿齿距为 1.1mm，适用于锯割普通钢材或中等厚度工件。细齿齿距为 0.8mm，适用于锯割硬材料或薄材料工件。

二、锉刀

锉刀是锉削的工具。锉刀用碳素工具钢材料制成，如图 2-4-3 所示。

锉刀面：主要切削工作面，它的长度也是锉刀的规格。锉刀面部呈弧形，上下两面均有锉齿。

锉刀边：指锉刀两个侧面，其中一边有齿，另一边没有齿，这样锉削时可避免碰坏另一锉削面。

锉舌：位于锉刀尾部，像锥子一样，镶入木柄。

木柄：与锉刀连接，在连接处有一个铁箍，以防镶配时裂开。

锉刀齿都有切削角度，通常由专用剁齿机或铣床加工制成。锉刀齿形按齿纹可分为单线和双线；按齿纹距离可分为粗齿、中齿和细齿三种。

粗齿锉刀在锉削时，由于齿距间隔大，切削深度深，产生的阻力大，适用于粗加工。细齿锉刀在锉削时，由于齿距间隔小，切削深度浅，产生的阻力也小，适用于精加工。

锉刀的选择要根据需要而定，可分为钳工锉刀、特种锉刀、整形锉刀三种。

（1）钳工锉刀。由于加工面形状不同，要选用不同截面形状的锉刀。钳工锉刀按截面形状可分为板锉、方锉、圆锉、半圆锉、三角锉五种，如图 2-4-4 所示。

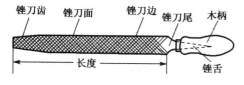

图 2-4-3 锉刀

图 2-4-4 锉刀截面

（2）特种锉刀。特种锉刀是用特种材料制成的，在钳工锉刀无法锉削的情况下采用。例如，工件表面经热处理淬硬后出现变形误差，可选用特种锉刀中的金刚钻锉刀进行修整。

（3）整形锉刀。整形锉刀又称为什锦锉刀，当对模具和小型工件进行加工时，用钳工锉刀难以完成，则可采用整形锉刀来加工。整形锉刀按截面不同可分为 10 种，如图 2-4-5 所示。

三、钻头

（1）钻头的结构。钳工操作中使用的钻头种类繁多，通常使用的是麻花钻头。钻头主要结构如图 2-4-6 所示。它由工作部分和柄部组成。工作部分又由切削部分和导向部分组成。柄部大小根据钻头直径而定，钻头直径大的采用锥柄，直径小的采用直柄。

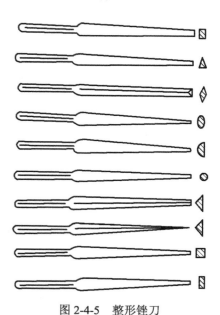

图 2-4-5 整形锉刀

（2）钻头的材料。麻花钻头一般采用高速工具钢，经过铣削、热处理淬硬、磨削制成。

（3）钻头的切削角度。两个主切削刃组成的角即是钻头顶角，标准顶角为 $118°±2°$。但顶角不是固定不变的，它根据钻孔材料的不同而改变。横刃由两个后刀面组成，标准横刃斜角为 $50°\sim55°$，如图 2-4-7 所示。横刃在切削工件孔时起初定位和初切削作用。一般来说，麻花钻头在使用前必须检查、修磨角度，以改善切削中存在的问题，提高切削性能。

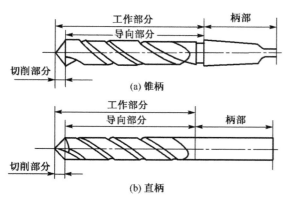

图 2-4-6 钻头

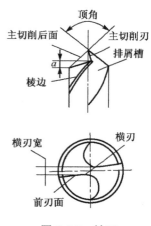

图 2-4-7 钻刃

四、钳工的基本操作

1．手工锯割

用手锯把材料（如金属板、电路板）分割开或在工件上锯出沟槽的操作方法称为手工锯割。

1）锯割姿势

右手握紧锯柄，左手扶住锯弓的前端，如图 2-4-8 所示。锯割时的站立姿势如图 2-4-9 所示，左脚超前半步，两腿自然站立，推锯时身体上部稍向前倾，给手锯以适当的压力。

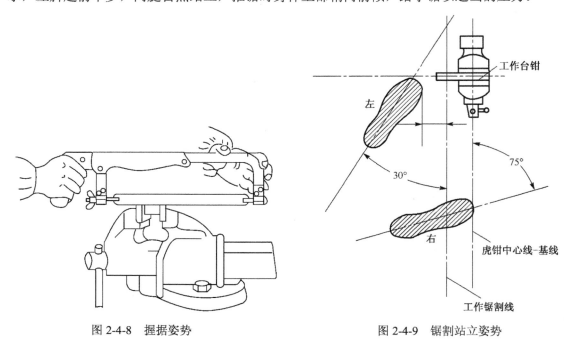

图 2-4-8　握据姿势　　　　　　图 2-4-9　锯割站立姿势

2）起锯和收锯

起锯是锯割的开始，有远起锯和近起锯两种，如图 2-4-10 所示。锯割时一般采用远起锯较好，因为远起锯是逐步切入工件的，锯齿不易被卡住，起锯也比较方便。不论是远起锯还是近起锯，起锯时要求角度为 15° 左右，起锯时锯条往复行程要短，压力要小，速度要慢。随着工件将要被锯断，准备收锯时，用力要小，速度要放慢，并用手扶住工件未夹持部分，以防锯条折断或工件脱落砸伤脚面。

3）锯割动作

锯割时，手锯的前推是锯削运动，主要靠右手施力来完成，左手适当施加压力并协助右手扶正锯弓。往回拉锯时不起锯削作用，应略将手锯提起，以减少锯齿磨损。

在锯割较薄的工件和直槽时，可采用直线往复运动；在锯割厚、硬的工件时，可采用摆动往复运动。无论采用哪种往复运动，都要保持锯缝平直。往复的次数掌握在每分钟 20～40 次为宜，每次往复的长度不应小于锯条全长的 2/3。

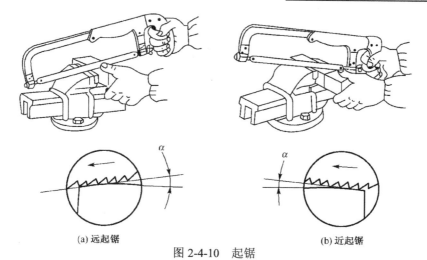

(a) 远起锯　　　　　　　　　　　　　　(b) 近起锯

图 2-4-10　起锯

2. 锉削

用锉刀锉掉工件表面上的一层多余材料，这种加工过程称为锉削。锉削按加工方式可分为机械锉削和手工锉削。手工锉削效率低，在现代加工中常用机械锉削方式，但是很多型腔部位以及精度要求高但不能用机械加工的工件，仍然要用手工锉削方法来完成，因此手工锉削也是钳工加工中最基本的操作技能之一。

1）锉刀的握法

由于锉刀的种类、规格较多，锉刀的握法也应根据其种类、规格和被加工锉削面的不同而改变。通常锉刀的握法是根据锉刀的大小来决定的。

（1）较大型锉刀的握法：通常右手握住锉刀柄，锉刀柄端部顶在近拇指掌心处，大拇指放在锉刀面手柄处，其余手指握住锉刀手柄。左手的手掌横放在锉刀前端上方，拇指根部手掌压在锉刀面前端，食指和中指抵住锉刀前端，其余手指自然弯曲或手掌斜放在锉刀前端面上，如图 2-4-11 所示。

（2）中小型锉刀的握法：握中型锉刀时，右手同上述手型，而左手的大拇指压在锉刀面上，食指托着锉刀的反面，其余手指自然弯曲。小型锉刀的握法是左手除大拇指外，其余四个手指压在锉刀面上，如图 2-4-12 所示。

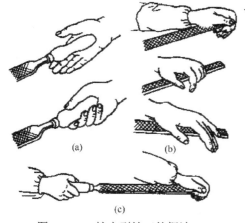

(a)

(b)

(c)

图 2-4-11　较大型锉刀的握法

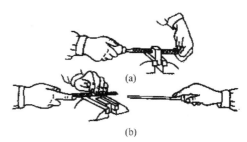

(a)

(b)

图 2-4-12　小型锉刀的握法

（3）小型整形锉刀的握法：单手操作，大拇指、中指、无名指握住锉刀的柄部，食指压在锉刀面上。

2）锉削的姿势

锉削时，身体重心应放在左脚，约与台虎钳纵向轴线延长线呈 30°，右脚距离左脚一弓步，如图 2-4-13 所示。在锉削过程中，握锉刀的手臂伸缩和身体移动要互相配合。向前推锉刀是锉刀齿切削过程，而回收锉刀过程中稍将锉刀提离工作面，便于切屑自然落下。为保持锉刀切削面与工件加工面的平衡，两手施加的力应随着锉刀切削距离的变化而变化。

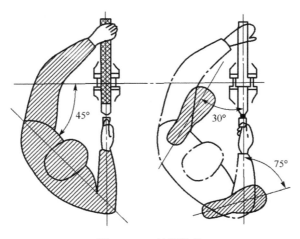

图 2-4-13 锉削姿势

3）锉削的基本方法

锉削的操作方法有四种，包括顺向锉削、交叉锉削、推锉削和滚锉。

（1）顺向锉削：指锉刀在工作面上做直线锉削，这是钳工操作的基本方法。

（2）交叉锉削：指锉刀在工作面上做约 90° 交叉方位的锉削，适用于余量较多的情况。

（3）推锉削：指锉刀横放在工作面，两手做等力的锉削，主要用于锉削狭窄工作面。

（4）滚锉：滚锉是锉削中较复杂的操作，主要用于锉削曲面。

3. 钻孔

无线电整机设备中有许多大小不同的孔，有些孔是压制、冲制、浇制而成，而另一些孔是用钻头经过钻削后成型。钻孔是由钻头与工件相对运动时，用钻头切削刃口完成的切削加工。其基本操作和注意事项如下。

（1）固定工件。在钳工操作中，钻孔时必须固定工件，接触面要尽量大，使工件与钻床工作台面的摩擦力矩大于钻孔时的转矩，这样可以提高钻孔的质量。工件固定的方法为：在工件上钻 $\phi 8mm$ 以下孔时，可直接用手握持工件（工件应是锐角无锋边）；如果工件较小或钻孔大于 $\phi 8mm$ 时，必须用台虎钳、机床用平口钳或压板紧固后进行钻孔；如果工件长度较长，钻孔时必须在工作台面上用略高于工件的压板紧固后进行钻孔；如果是圆柱形工件，钻孔时必须用 V 形架并对准钻床主轴中心，将工件放在 V 形槽内进行钻孔。

（2）试钻孔。钻孔时首先将钻头中心对准冲眼，先试钻一个浅孔，检查两个中心是否重合，如果完全一致就可继续钻孔；如果发现误差则必须及时校正，使两个中心重合后才能钻孔。

（3）切削量的把握。钻孔的切削进给量是根据工件材料性质、切削厚度、孔径大小而确定的。如果选择不当，将会给操作者带来危害，造成设备事故，特别要注意钻孔即将穿通时的进给量大小。钻深孔时要经常把钻头提拉出工件的表面，以便及时清除槽内的钻屑。

项目检测

一、判断题

（1）断线钳又名偏口钳，主要用于剪切导线。

（2）自动螺丝刀的刀具有顺旋、倒旋两种动作。

（3）指针式万用表的刻度盘中，除欧姆刻度线外，其余刻度线都是均匀的。

（4）在测量电路电阻时不能有并联的支路。

（5）在使用"点触法"判断电量极性时，应把转换开关置于相应电量的最小量程挡。

（6）在数字式万用表上，"⚠"表示：危险！此处可能出现高压。

（7）钻深孔时要经常把钻头提拉出工件的表面，以便及时清除槽内的钻屑。

（8）在锯割较薄的工件和直槽时，可采用直线往复运动。

二、实践操作题

分别使用伏安法和万用表测量阻值约为几欧姆、几十欧姆、几百欧姆、几千欧姆的若干电阻，并进行比较。

（1）画出使用伏安法测电阻的电路图；

（2）写出操作步骤；

（3）设计表格记录测量数据；

（4）对测量结果进行分析比较。

项目三

家居用电

项目目标

通过本项目的学习，应达到以下学习目标：

（1）能认识电工图中的基本符号，会识读简单的电工图。

（2）能按要求选用导线，并在室内敷设线路。

（3）能遵循照明装置安装原则，安装照明装置并对照明线路进行检修。

（4）能识别常用低压配电电器，会安装低压配电板。

项目内容

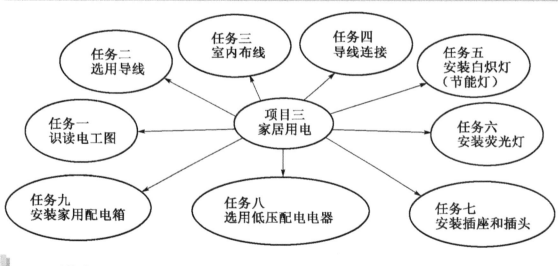

项目进程

 任务一　识读电工图

【任务情境】

更换线路对祝宗雪同学来说是项大工程，他要请在变电所工作的舅舅帮忙，可舅舅工作很忙，画了些电工图，要小祝同学先备料。

【任务描述】

识读简单的电工图。

【计划与实施】

一、说一说

（1）电工图的种类。

（2）识读电工图的一般步骤。

二、认一认

（1）下面这些字母在电工图中表示什么意思？

M——（　　　　　） CT——（　　　　　） ZM——（　　　　　） DM——（　　　　　）

（2）下列各符号表示什么意思？

（　　　） 　　（　　　） 　　（　　　） 　　（　　　） 　　（　　　） 　　（　　　）

三、读一读

图 3-1-1 是什么图？你能得到什么信息？

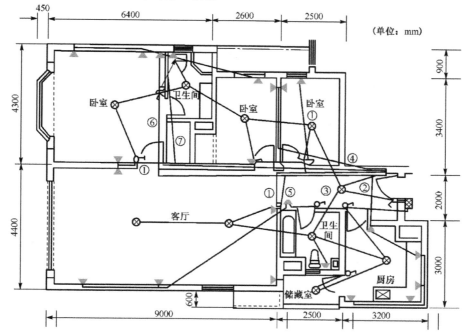

注：1. 空调插座距地面1.8m　　2. 冰箱插座、洗衣机插座、厨房插座距地面1.3m
　　3. 开关距地面1.3m　　　　4. 卫生间电热水器、排风扇距地面2.4m
　　5. 油烟机距地面2.4m　　　6. 其他插座距地面0.3m

图 3-1-1　读一读图

维修电工

【练习与评价】

一、练一练

综合图 3-1-2 和图 3-1-3，你能了解哪些情况？（包括建筑概况、供电电源、线路状况、照明及电气设备等）

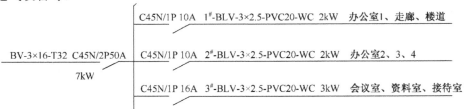

图 3-1-2　练一练图（一）

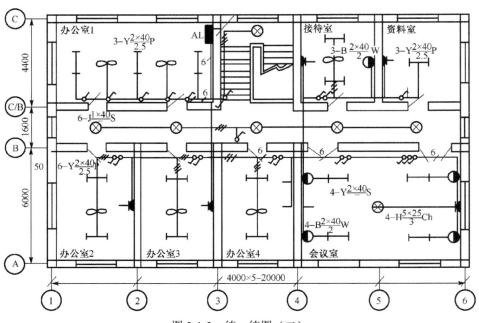

图 3-1-3　练一练图（二）

二、评一评

请反思在本任务进程中你的收获和疑惑，写出你的体会和评价。

任务总结与评价表

内　　容		收　　获	疑　　惑
获得知识			
掌握方法			
习得技能			
学习体会			
学习评价	自我评价		
	同学互评		
	老师寄语		

【任务资讯】

一、电工图的表示方法

电工图是以国家规定的图形符号和文字符号按照统一的画法绘制出来的，能提供电路中各元器件的功能、位置、连接方式及工作原理等信息的图纸。它是电气技术中应用最广泛的技术资料，是电气工程技术人员进行技术交流和生产活动的"工程语言"，有着文字语言不可替代的作用。

1．图形符号和文字符号

要识读电工图，首先要认识图中的各种符号，了解和熟悉这些符号的形式、内容、含义及它们之间的关系。在电工图中，最重要的是图形符号和文字符号。

图形符号是指用于图样或其他技术文件中表示电气元件或电气设备性能的图形、标记或字符。图形符号中最常用的是一般符号和限定符号。

一般符号是表示同一类元器件或设备特征的一种简单符号，它是各类元器件或设备的基本符号，如图 3-1-4(a)所示。

限定符号是用于提供附加信息的一种加在其他符号上的符号，不能单独使用，而必须与其他符号组合使用，如图 3-1-4(b)所示。

(a)　　　　　(b)

图 3-1-4　图形符号

在电气图中，除了用图形符号表示各种设备、元件外，还在图形符号旁边标注相应的文字符号，以区分不同设备、元件，以及同类设备、元件中的不同功能。文字符号分基本文字符号和辅助文字符号两类。

基本文字符号主要表示电气设备、装置和元器件的种类。例如，E 表示照明灯，Q 表示开关，M 表示电动机，T 表示变压器等。

辅助文字符号用来表示电气设备、装置和元器件以及电路的功能、状态和特征。例如，H 表示高，AC 表示交流，OFF 表示断开，ST 表示启动等。

2．电工图的种类

电工图按其用途可分为电气原理图、安装接线图、平面布置图、端子排图、展开图等，其中电气原理图和安装接线图是最常见的。

1）电气原理图

电气原理图是用电气符号表明电气系统的基本组成、各元件间的连接方式、电气系统的工作原理及其作用，而不反映电气设备、元件的结构和实际位置的一种简图。如图 3-1-5 所示是某住宅楼供电系统电气原理图。

图 3-1-5 表示该住宅楼照明的电源取自供电系统的低压配电线路，进户线进户后，先接入配电屏，再接到用户的分配电箱，经电度表、刀开关或空气开关，最后接到灯具和其他设备上。为了使每个用电器的工作不影响其他用电器，各条控制线路都并接在相线和中性线上，并在各自线路中串接控制开关。

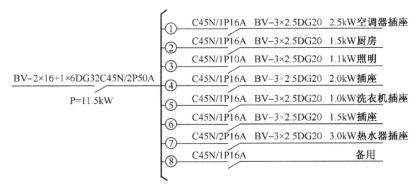

图 3-1-5　某住宅楼供电系统电气原理图

2）安装接线图

安装接线图简称安装图，是反映电气系统或设备各部分连接关系的图，是根据电气设备或元件的实际结构和安装要求绘制的，只考虑设备或元件的安装配线而不必表示设备或元件的动作原理。如图 3-1-1 所示是某住宅楼供电系统安装接线图。该图表示某一住房各房间电气安装的走线情况。

二、识读电工图

识读电工图要按照读图的基本要求，掌握读图的一般步骤。

1．读图的基本要求

（1）结合相关图例符号说明读图。电工图的设计、绘制与识读，离不开相关图例符号，只有认识相关图例符号，才能理解图纸的含义。表 3-1-1 所列的是一些文字符号及其意义，表 3-1-2 所列的是配电线路和照明灯的标志格式，表 3-1-3 所列的是一些电气设备图形符号。

表 3-1-1　一些文字符号及其意义

文字符号	意 义	文字符号	意 义
M	明敷设	ZM	沿柱敷设
A	暗敷设	CM	沿墙敷设
CT	用瓷夹瓷卡敷设	PM	沿天花板敷设
CB	沿隔板敷设	DM	沿地敷设

表 3-1-2　配电线路和照明灯的标志格式

配电线路上的标志格式	照明灯的标志格式
a–b（c×d）e–f	$a-b\dfrac{c-d}{c}-f$
a——网路标号	a——灯具数
b——导线型号	b——型号
c——导线根数	c——每盏灯的灯泡数
d——导线截面	d——灯泡容量（W）
e——敷设方式	e——安装高度（m）
f——敷设部位	f——安装方式

表 3-1-3 一些电气设备图形符号

图形符号	名 称	图形符号	名 称
	电铃		暗装三极开关
	电话机一般符号		荧光灯一般符号
	单相插座		三管荧光灯
	暗装单相插座		分线盒
	密封（防水）单相插座		分线箱
	带接地插孔的三相插座		球形灯
	单极开关		壁灯
	暗装单极开关		启辉器
	双极开关		保护接地
	暗装双极开关		接地
	三极开关	A	电流表

（2）结合电工基本原理读图。电工图的设计离不开电路的基本原理。要看懂电工图的结构和工作原理，必须懂得电工的相关知识。这样，才能分析电路，理解图纸的含义。

（3）结合电器件的结构原理读图。在电路图中往往有各种相关的电器件，如熔断器、控制开关、接触器、继电器等，必须先懂得这些电器件的基本结构、性能、动作原理、元器件间的相互关系及其在整个电路中的地位和作用等，才能读懂并理解电路图。

（4）结合典型电路读图。典型电路是构成电路图的基本电路，如一只开关控制一盏灯的电路，两只开关控制一盏灯的电路，荧光灯控制电路，电动机启动、正反转控制、制动电路等。分析出典型电路，就容易看懂图纸上的完整电路。

（5）结合电路图的绘制特点读图。电路图的绘制是有规律性的，如工厂机床动力控制图的主、辅电路，它在图纸上的位置及线条粗细有明确规定。在垂直方向绘制图纸时是从上向下，在水平方向则是从左到右，懂得这些绘制图纸的规律，有利于看懂图纸。

2．读图的一般步骤

（1）阅读图纸的有关说明。图纸的有关说明包括图纸目录、技术说明、器件（元件）明细表及施工说明书等。阅读图纸的有关说明，可以了解工程的整体规模、设计内容及施工的基本要求。

（2）识读电气原理图。根据电工基本原理，在图纸上首先分出主回路和辅助回路、交流回路和直流回路。然后一看主回路，二看辅助回路。看主回路时，应从用电设备开始，经过控制器件（元件）往电源看。看辅助回路时，应从左到右或自上而下看。

在识读主回路时，要掌握工程的电源供给情况。例如，电源在送往用电设备的过程中，要经过哪些控制器件（元件），这些器件（元件）各有什么作用，它们在控制用电设备时是怎

样动作的。在识读辅助回路时，应掌握该回路的基本组成，各器件（元件）之间的相互联系以及各器件（元件）的动作情况，从而理解辅助回路对主回路的控制原理，以便读懂整个电路工作程序及原理。

（3）识读安装图。先读主回路，后读辅助回路。读主回路时，可以从电源引入处开始，根据电流流向，依次经控制器件（元件）和电路到用电设备。读辅助回路时，仍从～相电源出发，根据假定电流方向经控制器件（元件）巡行到另一相电源。在读图时还应注意施工中所有器件（元件）的型号、规格、数量、布线方式、安装高度等重要资料。

3．室内照明线路图的识读

从图 3-1-5 所示的某住宅楼供电系统电气原理图可识读出：单元总线为两根 $16mm^2$ 加 1 根 $6mm^2$ 的 BV 型铜芯电线，设计使用功率 11.5kW，经空气开关（型号为 C45N/2P50A）控制，安装管道直径为 32mm。电气线路分 8 路控制（其中一只在配电箱内，备用），各由空气开关（型号为 C45N/1P16A）控制一路。每条支路（线路）有 $2.5mm^2$ 的 BV 铜芯线 3 根，穿线管道直径为 20mm。各支路设计使用功率分别为 2.5kw、1.5kw、1.1kw、2kw、1kW、1.5kW、3kW。

在"注"标目中，标出空调器插座、厨房冰箱插座、洗衣机插座及开关等电器件距地面的安装技术数据。

从图 3-1-1 所示的某住宅楼供电（照明）系统安装图可识读出：有客厅 1 间、卧室 3 间、卫生间 2 间和厨房、储藏室各 1 间，共计 8 间。在门厅过道有配电箱一个，分 8 路（其中 1 路在配电箱内作备用）引出，室内天棚灯座 10 处、插座 24 处，开关及连接这些灯具（电器）的线路为暗敷设，并在线路上标出①、②、③、④、⑤、⑥、⑦字样，与图 3-1-5 中的①、②、③、④、⑤、⑥、⑦字样一一对应。此外，还有门厅墙壁座灯一盏。

任务二　选用导线

【任务情境】

更换线路的首要环节就是选购导线。这一天，祝宗雪同学和爸爸一起来到五金电料商贸城，他们要选购什么导线呢？

【任务描述】

根据要求选用导线。

【计划与实施】

一、说一说

（1）导线的种类。

（2）B 系列绝缘导线的特点。

（3）选用导线的一般原则。

二、认一认

下列各是什么导线？

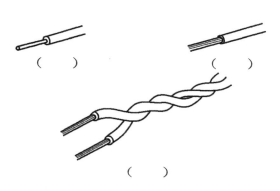

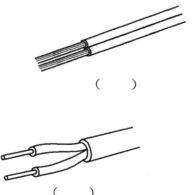

（　　　）　　　　　　（　　　）　　　　　　　　　　　（　　　）

（　　　）　　　　　　　　　　　（　　　）

三、填一填

完成表 3-2-1。

表 3-2-1　常用绝缘导线的型号、名称和主要用途

型　　号	名　　称	主　要　用　途
BLV		
BX		
BVR		
RVB		
BXS		
BVV		

【练习与评价】

一、练一练

判断下列说法是否正确。

（1）导线按结构特点可分为单股导线（硬导线）、多股导线（软导线）。

（2）标称截面 1.5mm² 的铝芯橡胶绝缘导线的型号应为 BLX—1.5。

（3）B 系列塑料、橡胶导线的线芯是用多股铜丝绞合而成的。

（4）选用导线时必须使其允许载流量大于或等于线路的最大电流值。

（5）标称截面 1.0mm² 的铜芯聚氯乙烯塑料绝缘导线的允许载流量是 24A。

二、评一评

请反思在本任务进程中你的收获和疑惑，写出你的体会和评价。

任务总结与评价表

内　　容	收　　获	疑　　惑
获得知识		
掌握方法		
习得技能		
学习体会		
学习评价 自我评价		
同学互评		
老师寄语		

【任务资讯】

一、导线及其种类

　　导线是电路中最主要的组成部分，无论是供电线路、配电线路，还是电器设备的连接，都离不开导线。导线一般是由导电良好的金属材料（如铜、铝等）制成的线状物体。导线的种类繁多。按制造材料可分为铜导线、铝导线、钢芯铝绞线等。按芯线形式可分为单股导线（硬导线）、多股导线（软导线）。按结构特点可分为裸导线、绝缘导线和电缆等。

二、常用绝缘导线

　　绝缘导线是用铜或铝作为线芯，外层敷以聚氯乙烯塑料或橡胶等绝缘材料的导线。常用的有 B 系列和 R 系列塑料、橡皮导线。

　　B 系列塑料、橡皮导线由于结构简单、质量轻、价格低廉、电气和机械性能好，广泛应用于各种动力、配电和照明线路，并可用作中小型电气设备的安装线，其交流工作耐压是 500V，直流工作耐压是 1000V。B 的含义是硬线。

　　R 系列塑料、橡皮导线的线芯是用多股细铜丝绞合而成的，除了具备 B 系列导线的特点外，还比较柔软，广泛用于家用电器、仪表及照明线路。R 的含义是软线。

　　常用绝缘导线的结构、型号、名称和用途参见表 3-2-2。

表 3-2-2　常用绝缘导线的结构、型号、名称和用途

结　　构	型　　号	名　　称	用　　途
单根线芯 塑料绝缘 7根绞合线芯 19根绞合线芯	BV-70 BLV-70	聚氯乙烯绝缘铜芯线 聚氯乙烯绝缘铝芯线	用来作为交直流额定电压为500V 及以下的户内照明和动力线路的敷设导线，以及户外沿墙支架线路的架设导线
棉纱编织层　橡皮绝缘　单根线芯	BX BLX	铜芯橡皮线 铝芯橡皮线(俗称皮线)	
	LJ LGJ	裸铝绞线 钢芯铝绞线	用来作为户外高低压架空线路的架设导线，其中 LGJ 应用于气象条件恶劣、电杆挡距大、跨越重要区域或电压较高等线路场合

续表

结　构	型　号	名　称	用　途
塑料绝缘多根束绞线芯	BVR BLVR	聚氯乙烯绝缘铜芯线软线 聚氯乙烯绝缘铝芯线软线	适用于不作频繁活动的场合的电源连接线，但不能作为不固定的或处于活动场合的敷设导线
绞合线　平行线	RVB-70 （或RFB） RVS-70 （或RFS）	聚氯乙烯绝缘双根平行软线（丁腈聚氯乙烯复合绝缘） 聚氯乙烯绝缘双根绞合软线（丁腈聚氯乙烯复合绝缘）	用来作为交直流额定电压为250V及以下的移动电具、吊灯的电源连接导线
棉纱编织层　橡皮绝缘　多根束绞线芯　棉纱层	BXS	棉纱编织橡皮绝缘双根绞合软线（俗称花线）	用来作为交直流额定电压为250V及以下的电热移动电具（如小型电炉、电熨斗和电烙铁）的电源连接导线
塑料绝缘　塑料护套　2根线芯	BVV-70 BLVV-70	聚氯乙烯绝缘和护套2根或3根铜芯护套线 聚氯乙烯绝缘和护套线2根或3根铝芯护套线	用来作为交直流额定电压为500V及以下的户内照明和小容量动力线的敷设导线
橡套或塑料护套　麻绳填芯　橡皮或塑料绝缘　4芯　线芯　3芯	RHF RH	氯丁橡套软线 橡套软线	用于移动电器的电源连接导线，插座板电源导线或短期临时送电的电源馈线

三、绝缘导线的型号

绝缘导线的型号一般由 4 部分组成，如图 3-2-1 所示。第一部分用字母表示绝缘导线的类型。第二部分用字母表示导体材料。第三部分用字母表示绝缘材料。第四部分用数字表示导线的标称截面，单位为 mm^2。

绝缘导线型号的意义参见表 3-2-3。

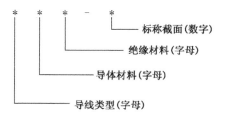

图 3-2-1　绝缘导线的型号

表 3-2-3　绝缘导线型号的意义

类　型	导体材料	绝缘材料	标称截面
B：硬导线 R：软导线	L：铝芯 （无）：铜芯	X：橡胶 V：聚氯乙烯塑料	单位：mm^2

例如，BLX—2.5 表示标称截面为 $2.5mm^2$ 的铝芯橡胶绝缘导线；RV—1.0 表示标称截面为 $1.0mm^2$ 的铜芯聚氯乙烯塑料绝缘软导线。

四、选用导线的一般原则

选用导线的首要原则是必须保证线路安全、可靠地长期运行，在此前提下兼顾经济性和敷设施工的方便。由于用电负载、使用环境、采购条件和施工条件千差万别，在实际工作中应结合以下原则根据实际情况灵活掌握。

1．允许载流量

允许载流量是指导线长期安全运行所能承受的最大电流，选用导线时必须使其允许载流

量大于或等于线路的最大电流值。允许载流量与导线的材料和截面有关，导线的截面积越大其允许载流量越大，截面相同时铜芯导线比铝芯导线的允许载流量要大。允许载流量还与导线的使用环境和敷设方式有关，相同的导线，明线敷设使用（环境散热条件较好）时的允许载流量，比暗线敷设使用或多根导线集中穿管敷设使用（环境散热条件较差）时要大一些。环境温度较高时，导线的允许载流量也会小一些。部分铜芯绝缘导线标称截面与允许载流量的对应值参见表3-2-4。

表3-2-4　部分铜芯绝缘导线标称截面与允许载流量的对应值

导线直径（mm）	标称截面（mm²）	允许载流量（A）	
		橡胶绝缘	塑料绝缘
0.98	0.75	18	16
1.12	1.0	21	19
1.38	1.5	27	24
1.58	2.0	31	28
1.78	2.5	35	32
2.24	4.0	45	42
2.76	6.4	58	55
3.56	10.0	85	75

2．额定电压

额定电压是指绝缘导线在长期安全运行中其绝缘层所能承受的最高工作电压，低压线路中常用绝缘导线的额定电压有250V、500V、1000V等，应根据线路的电源电压选用绝缘导线。

3．机械强度

机械强度是指导线承受重力、拉力和扭折的能力，选用时应充分考虑导线的机械强度，以满足使用环境对导线机械强度的要求。

任务三　室内布线

【任务情境】

祝宗雪根据舅舅绘好的线路安装图，买来了导线，就可以马上重新布线了吗？是明敷还是暗敷？还需要哪些材料？应该制订个方案，做到胸有成竹哦。

【任务描述】

根据实际情况采用合适的方式布线。

【计划与实施】

一、说一说

（1）室内布线的基本要求。

（2）室内布线的一般工序。

二、做一做

（1）用塑料线卡或钢精扎头固定导线进行明线敷设。

（2）安装塑料线槽板。

（3）对硬塑料管进行弯曲和连接。

【练习与评价】

一、练一练

1．判断题

（1）穿管敷设方式有两种：一种是明敷，另一种是暗敷。

（2）布线时接头应尽可能安排在接线盒、开关盒、灯头盒或插座盒内。

（3）直线段布线时可每隔 50cm 左右固定一个塑料线卡（或钢精扎头）。

（4）穿管敷设选用塑料管时，一般要求穿入管中所有导线（含绝缘外皮层）的总截面不超过管子内截面的 40%。

2．实践操作题

室内导线明敷综合训练。

二、评一评

请反思在本任务进程中你的收获和疑惑，写出你的体会和评价。

任务总结与评价表

内　　容	收　　获		疑　　惑
获得知识			
掌握方法			
习得技能			
学习体会			
学习评价	自我评价		
	同学互评		
	老师寄语		

【任务资讯】

一、室内布线的基本要求

布线应根据线路要求、负载类型、场所环境等具体情况，设计相应的布线方案，采用合适的布线方式和方法。

1. 选用符合要求的导线

对导线的要求包括电气性能和机械性能两方面。导线的载流量应符合线路负载的要求，并留有一定的余量。导线应有足够的耐压性能和绝缘性能，同时应具有足够的机械强度。一般室内布线常采用塑料护套导线。

2. 尽量避免布线中的接头

布线时，应使用绝缘层完好的整根导线一次布放到头，尽量避免布线中出现导线接头。因为导线的接头往往造成接触电阻增大和绝缘性能下降，给线路埋下了故障隐患。如果是暗线敷设，一旦接头处发生接触不良或漏电等故障，很难查找与修复。必需的接头应尽可能安排在接线盒、开关盒、灯头盒或插座盒内。

3. 布线应牢固、美观

明敷的导线走向应保持横平竖直、固定牢固。暗敷的导线一般也应水平或垂直走线。导线穿过墙壁或楼板时应加装保护用套管。敷设中注意不得损伤导线的绝缘层。

二、室内布线的一般工序

（1）按设计图纸的要求确定灯具、插座、开关、配电板等的位置。
（2）沿建筑物确定导线敷设的路径及其穿过墙壁、楼板的位置，以及所有敷设的固定位置。
（3）在所确定的固定点上打好孔眼，预埋木枕（或木砧）、膨胀螺栓、保护管、角钢支架等。
（4）装设绝缘支持物、线夹或管子。
（5）敷设导线。
（6）连接导线。

三、室内布线的方法

室内布线的方法常有明线敷设和暗线敷设两种。

1. 明线敷设

明线敷设是指将导线沿墙壁或天花板敷设，包括塑料线卡固定、钢精扎头固定、塑料线槽板固定、瓷夹板固定等形式。明敷的导线通常采用单股绝缘硬导线或塑料护套硬导线，这样有利于固定和保持走线平直。

1）塑料线卡的固定

塑料线卡如图 3-3-1 所示，由塑料线卡和固定钢钉组成，图 3-3-1(a)为单线卡，用于固定单根护套线；图 3-3-1(b)为双线卡，用于固定两根护套线。线卡的槽口宽度具有若干规格，以适用于不同粗细的护套线。敷设时，首先将护套线按要求放置到位，然后从一端起向另一端逐步固定。固定时，按图 3-3-2 所示将塑料线卡卡在需固定的护套线上，钉牢固定钢钉即可。一般直线敷设的护套线可每间隔 20cm 左右固定一个塑料线卡，并保持各线卡间距一致。

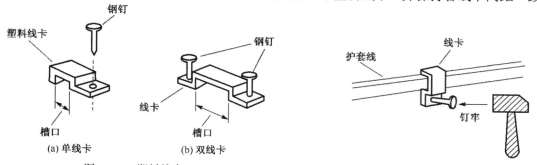

图 3-3-1　塑料线卡　　　　　　　　　　　　图 3-3-2　塑料线卡的固定

　　在护套线转角处，以及进入开关盒、插座盒或灯头时，应在相距 5～10cm 处固定一个塑料线卡，如图 3-3-3 所示。走线应尽量沿墙角、墙壁与天花板夹角、墙壁与壁橱夹角敷设，并尽可能避免重叠交叉，既美观也便于日后维修，如图 3-3-4 所示。如果走线必须交叉，则应按图 3-3-5 所示用线卡固定牢固。两根或两根以上护套线并行敷设时，可以用单线卡逐根固定，如图 3-3-6(a)所示；也可用双线卡一并固定，如图 3-3-6(b)所示。布线中如需穿越墙壁，应给护套线加套保护套管，如图 3-3-7 所示。保护套管可用硬塑料管，并将其端部内口打磨圆滑。

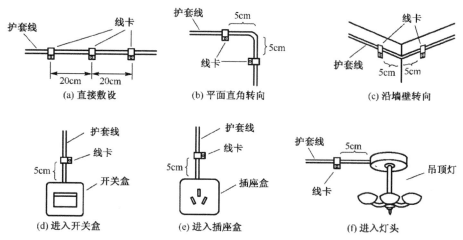

图 3-3-3　转角处、开关盒、插座盒和灯头处护套线的固定

2）钢精扎头的固定

　　钢精扎头由薄铝片冲轧制成，形状如图 3-3-8 所示。用钢精扎头固定护套线的方法与使用塑料线卡类似，需要注意的是，采用钢精扎头固定时应先将钢精扎头固定到墙上，方法如图 3-3-9 所示。沿确定的布线走向，用小钢钉将钢精扎头钉牢在墙上，各钢精扎头间的距离一般为 20cm 左右，并保持间距一致。然后将护套线放置到位，从一端起向另一端逐步固定。固定时，按图 3-3-10 所示用钢精扎头包绕护套线并收紧即可。

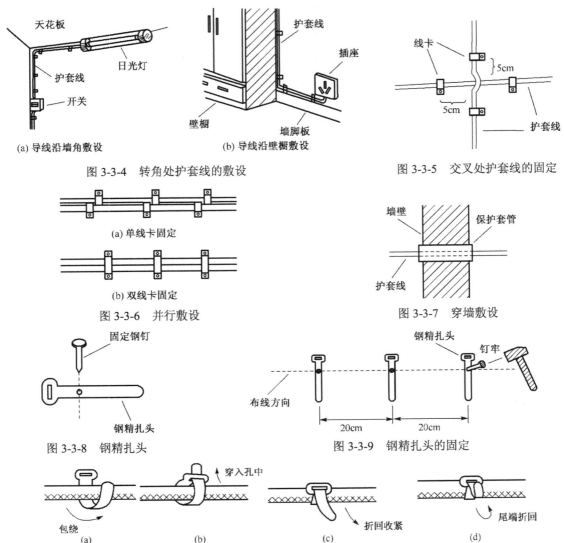

图 3-3-4　转角处护套线的敷设

图 3-3-5　交叉处护套线的固定

(a) 单线卡固定

(b) 双线卡固定

图 3-3-6　并行敷设

图 3-3-7　穿墙敷设

图 3-3-8　钢精扎头

图 3-3-9　钢精扎头的固定

图 3-3-10　钢精扎头包绕护套线的方法

3）塑料线槽板的固定

塑料线槽板的结构如图 3-3-11 所示，由线槽板和盖板组成，盖板可以卡在线槽板上。采用塑料线槽板固定布线，是指将导线放在线槽板内固定在墙壁或天花板表面，如图 3-3-12 所示，直接看到的是线槽板而不是导线，因此比直接敷设导线要美观一些。

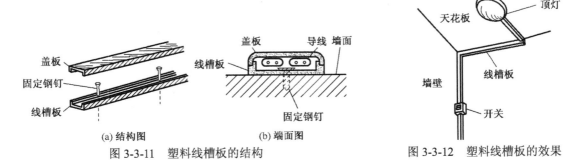

(a) 结构图　　(b) 端面图

图 3-3-11　塑料线槽板的结构

图 3-3-12　塑料线槽板的效果

由于线槽板一般由阻燃材料制成，所以采用塑料线槽板布线还提高了线路的绝缘性能和安全性能。布线时，首先按设计的线路走向将线槽板固定到墙壁上，如图 3-3-13 所示每隔 1m 左右用一枚钢钉钉牢线槽板。若在大理石或瓷砖墙面等不易钉钉子的地方布线，则可用强力胶将线槽板粘牢在墙壁上。固定线槽板时要保持横平竖直，力求美观。在导线 90° 转向处，应将线槽板裁切成 45° 角进行拼接，如图 3-3-14 所示。线槽板与插座盒（开关盒、灯头盒等）的衔接处应无缝隙，如图 3-3-15 所示。线槽板固定好后，将导线放置于板槽中，再将盖板盖到线槽板上并卡牢，布线即告完成。塑料线槽板有若干种宽度规格，可根据需要选用。同方向的并行走线可放入一条线槽板内，转向时再分出。图 3-3-16 所示为线槽板的分支连接。

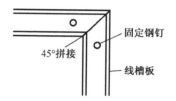

图 3-3-13　塑料线槽板的固定

图 3-3-14　塑料线槽板的转角

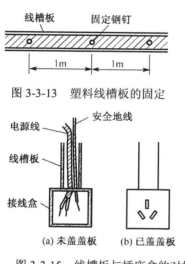

图 3-3-15　线槽板与插座盒的对接

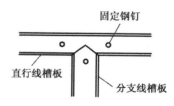

图 3-3-16　线槽板的分支连接

2．暗线敷设

暗线敷设是指将导线埋设在墙内、天花板内或地板下面，表面上看不见导线，可更好地保持室内的整洁美观。暗线敷设一般采用穿管法，室内布线通常采用硬塑料管。在一般居室墙面上短距离布线也可将无接头的护套线直接埋设。

1）穿管敷设

穿管敷设暗线是指将钢管或硬塑料管埋设在墙体内，导线穿入管子中进行布线，如图 3-3-17 所示。由于硬塑料管比钢管质量轻、价格低、易于加工，且具有耐酸碱、耐腐蚀和良好的绝缘性能等优点，在一般室内布线中的应用越来越普遍。穿管敷设方式有两种：一种是在建筑墙体时将布线管预埋在墙内；另一种是在建好的墙壁表面开槽放入线管，再填平线槽恢复墙面。下面介绍后一种方式。

（1）硬塑料管的选用。布线用管应选用聚乙烯或聚氯乙烯等热塑性硬塑料管，要便于弯曲，具有良好的弹性、一定的机械强度及高阻燃性。管壁厚度不小于 3mm。管子的粗细根据所穿入导线的根数决定，一般要求穿入管中所有导线（含绝缘外皮层）的总截面不超过管子内截面的 40%，如图 3-3-18 所示。

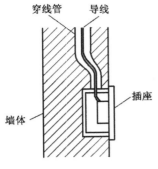

图 3-3-17 穿管敷设

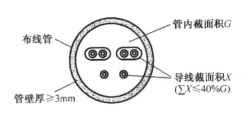

图 3-3-18 塑料管的选用

（2）硬塑料管的弯曲。热塑性硬塑料管可以局部加热弯曲，方法是将硬塑料管需弯曲的部位靠近热源，旋转并前后移动烘烤，待管子略软后靠在木模上，两手握住两端向下施压进行弯曲，如图 3-3-19 所示。没有木模时可将管子靠在较粗的木柱上弯曲，如图 3-3-20 所示。另外，还可徒手进行弯曲。弯曲半径不宜太小，否则穿线困难。为防止弯曲硬塑料管时将管子弯扁，可取一根直径略小于待弯管子内径的长弹簧，插入到硬塑料管内的待弯曲部位，然后再按上述方法弯管，弯好后抽出长弹簧即可，如图 3-3-21 所示。对于管径较大又不太长的管子，可在待弯管子内灌满干黄沙，堵塞两头后再行弯管，弯管成型后倒出黄沙，如图 3-3-22 所示。

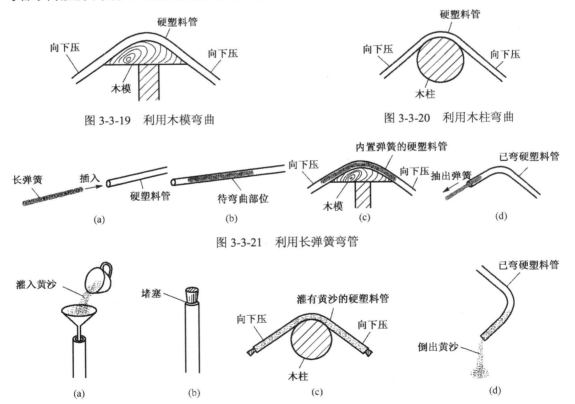

图 3-3-19 利用木模弯曲   图 3-3-20 利用木柱弯曲

图 3-3-21 利用长弹簧弯管

图 3-3-22 利用黄沙弯管

（3）硬塑料管的连接。热塑性硬塑料管可以局部加热后直接插接，首先将待连接的两根管子分别做倒角处理，如图 3-3-23(a)所示，然后将外接管准备插接的部分均匀加热烘烤，待其软化后，将内接管的准备插入部分涂上粘胶用力插入外接管内，如图 3-3-23(b)所示。插入部分的长度应为管子直径的 1.5 倍左右，以保证一定的牢固性。硬塑料管也可以用套管进行粘接，如图 3-3-23(c)所示，将两根待接管子的连接部位涂上一层粘胶，分别从两端插入套管内即可，套管的内径应等于待接管子的外径，套管的长度应为待接管直径的 3 倍左右，A、B 两管的接口应位于套管的中间。

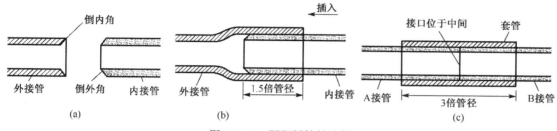

图 3-3-23　硬塑料管的连接

（4）导线穿管敷设。首先应按照布线要求在墙壁表面开凿线槽，线槽的宽度与深度均应大于所用布线管的直径。然后将导线穿入布线管，再将穿有导线的布线管放入线槽并固定，如图 3-3-24 所示，最后用水泥或灰浆填平线槽，恢复墙面。布线管在线槽内的固定方法如图 3-3-25 所示，既可用固定卡子将布线管固定在线槽内，如图 3-3-25(a)所示；也可直接用两枚钢钉交叉钉牢将布线管固定住，如图 3-3-25(b)所示。

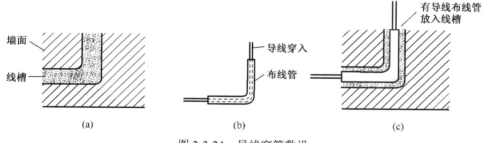

图 3-3-24　导线穿管敷设

2）塑料护套线直接敷设

塑料护套线具有双重绝缘层，在无接头、无破损的前提下，可以直接用于普通住宅或办公室的室内暗线敷设。

（1）开凿线槽。按照布线要求在墙面上开凿线槽，线槽应有一定的宽度和深度，以能够很好地容纳护套线为准。线槽走向应横平竖直，在转向处应有一定的弧度，避免护套线 90° 直角转向，如图 3-3-26 所示。在开关盒、插座盒、接线盒处，应开凿方形盒槽，如图 3-3-27 所示，其大小以能够容纳所装线盒为准。

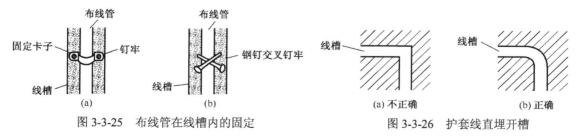

图 3-3-25　布线管在线槽内的固定　　　图 3-3-26　护套线直埋开槽

（2）布线。将整根护套线按照布线要求沿线槽布放，无分支的线路应用整根护套线布放到位，如图 3-3-28 所示。中途安排有开关盒或插座盒的线路可分段布放，并在开关盒或插座盒内连接，如图 3-3-29 所示。中途有分支的线路应将分支点选在接线盒或插座盒内，并分段布放护套线，如图 3-3-30 所示。同走向并行的线路可放在同一线槽内，如图 3-3-31 所示，并应在同一根护套线的始端与末端做好记号，以便连接线路时识别。

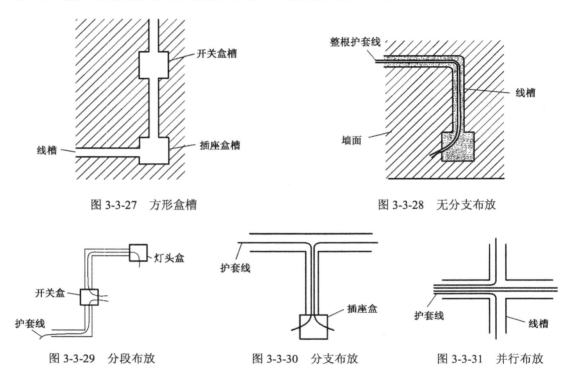

图 3-3-27　方形盒槽　　　　　　　　　　　图 3-3-28　无分支布放

图 3-3-29　分段布放　　　图 3-3-30　分支布放　　　图 3-3-31　并行布放

（3）固定。护套线布放完毕后，将护套线放入线槽，用线卡或钢钉予以固定，最后用水泥填平线槽。

（4）连接线路。在接线盒、开关盒、插座盒或灯头盒内，将分段布放的护套线按线路要求连接起来。连接时特别要注意识别护套线记号，以防接错。

任务四　导线连接

【任务情境】

布线时，应使用绝缘层完好的整根导线一次布放到头，但由于导线长度有限和电路分支，不可避免会出现接头。导线的接头往往造成接触电阻增大和绝缘性能下降，给线路埋下了故障隐患。如何正确连接导线才能避免发生接触不良或漏电等故障呢？

【任务描述】

能正确进行导线连接和绝缘处理。

【计划与实施】

一、说一说

（1）导线连接的基本要求。

（2）常用电工绝缘带有哪些？

二、做一做

分组进行单股小截面铜导线、单股大截面铜导线、单股不同截面铜导线的直接连接；单股铜导线的分支连接；多股铜导线直接连接和多股铜导线的分支连接。连接完毕相互检查后再做绝缘恢复处理。

【练习与评价】

一、练一练

1．判断题

（1）导线连接时应使接头连接牢固、接触良好、电阻小、稳定性好。

（2）接头的机械强度应不小于导线机械强度的60%。

（3）导线连接处经绝缘处理后，绝缘强度应不低于导线原有的绝缘强度。

（4）一般导线接头的绝缘处理可先包缠一层黄蜡带，再包缠一层黑胶布带。

2．实践操作题

导线的连接和绝缘处理专项训练。

二、评一评

请反思在本任务进程中你的收获和疑惑，写出你的体会和评价。

任务总结与评价表

内　　容		收　　获	疑　　惑
获得知识			
掌握方法			
习得技能			
学习体会			
学习评价	自我评价		
	同学互评		
	老师寄语		

【任务资讯】

导线的连接主要是指导线与导线之间的延长连接和分支连接。由于导线的芯线有粗和细、单股和多股之分，因此连接的形式也有多种。

一、导线连接的基本要求

导线连接是电工的一项基本技能，也是电工作业中一项十分重要的工序。导线连接的质量直接关系到整个线路能否安全可靠地长期运行。对导线连接的基本要求如下：

（1）连接可靠。接头连接牢固、接触良好、电阻小、稳定性好。接头电阻不应大于相同长度导线的电阻值。

（2）强度足够。接头的机械强度应不小于导线机械强度的 80%。

（3）耐腐蚀、耐氧化。

（4）电气绝缘性能好。

（5）接头规范、美观。

二、常用连接方法

导线连接常用的方法有绞合连接、紧压连接、焊接等。绞合连接是指将需要连接的导线的芯线直接紧密绞合在一起，铜导线常用这种连接方式。下面具体介绍几种绞合连接方法。

1．单股铜导线的直接连接

小截面单股铜导线的连接方法如图 3-4-1 所示，先将两导线的芯线线头作 X 形交叉，再将它们相互缠绕 2～3 圈后扳直两线头，然后将每个线头在另一芯线上紧贴密绕 5～6 圈后剪去多余线头即可。

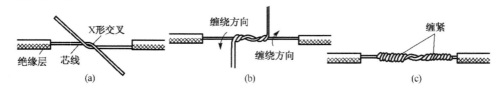

图 3-4-1　小截面单股铜导线的连接

大截面单股铜导线的连接方法如图 3-4-2 所示，先在两导线的芯线重叠处填入一根相同直径的芯线，再用一根截面约 1.5mm^2 的裸铜线在其上紧密缠绕，缠绕长度为导线直径的 10 倍左右，然后将被连接导线的芯线线头分别折回，再将两端的缠绕裸铜线继续缠绕 5～6 圈后剪去多余线头即可。

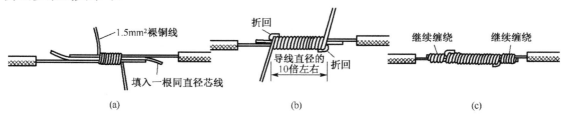

图 3-4-2　大截面单股铜导线的连接

不同截面单股铜导线的连接方法如图 3-4-3 所示，先将细导线的芯线在粗导线的芯线上紧密缠绕5～6圈，然后将粗导线芯线的线头折回紧压在缠绕层上，再用细导线芯线在其上继续缠绕3～4圈后剪去多余线头即可。

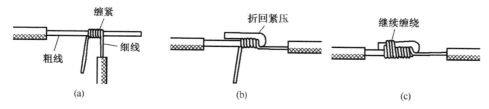

图 3-4-3　不同截面单股铜导线的连接

2. 单股铜导线的分支连接

单股铜导线的 T 字分支连接如图 3-4-4 所示，将支路芯线的线头紧密缠绕在干路芯线上5～8圈后剪去多余线头即可。对于较小截面的芯线，可先将支路芯线的线头在干路芯线上打一个环绕结，再紧密缠绕5～8圈后剪去多余线头即可。

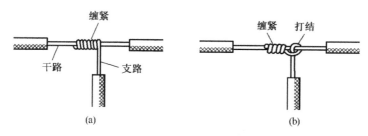

图 3-4-4　单股铜导线的 T 字分支连接

单股铜导线的十字分支连接如图 3-4-5 所示，将上下支路芯线的线头紧密缠绕在干路芯线上5～8圈后剪去多余线头即可。上下支路芯线的线头既可以向一个方向缠绕，也可以向左右两个方向缠绕。

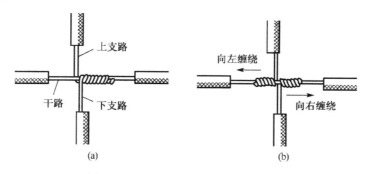

图 3-4-5　单股铜导线的十字分支连接

3. 多股铜导线的直接连接

多股铜导线的直接连接如图 3-4-6 所示，首先将已剥去绝缘层的多股芯线拉直，将其靠近绝缘层的约 1/3 芯线绞合拧紧，而将其余 2/3 芯线成伞状散开，另一根需连接的导线芯线也如此处理。接着将两伞状芯线相对着互相插入后捏平芯线，然后将每一边的芯线线头分成 3 组，先将某一边的第 1 组线头翘起并紧密缠绕在芯线上，再将第 2 组线头翘起并紧密缠绕在芯线上，最后将第 3 组线头翘起并紧密缠绕在芯线上。以同样方法缠绕另一边的线头。

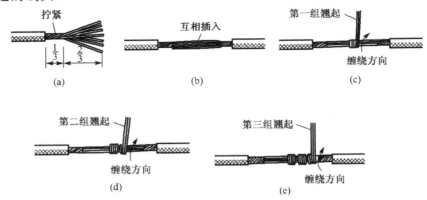

图 3-4-6　多股铜导线的直接连接

4. 多股铜导线的分支连接

多股铜导线的 T 字分支连接有两种方法，一种方法如图 3-4-7 所示，将支路芯线 90° 折弯后与干路芯线并行，然后将线头折回并紧密缠绕在芯线上即可。

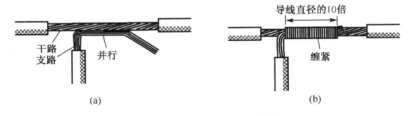

图 3-4-7　多股铜导线的分支连接（一）

多股铜导线另一种 T 字分支连接方法如图 3-4-8 所示，将支路芯线靠近绝缘层的约 1/8 芯线绞合拧紧，其余 7/8 芯线分为两组，一组插入干路芯线当中，另一组放在干路芯线前面，并朝右边缠绕 4～5 圈。再将插入干路芯线当中的那一组朝左边缠绕 4～5 圈。

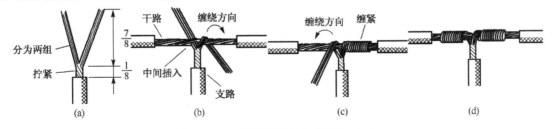

图 3-4-8　多股铜导线的分支连接（二）

5. 单股铜导线与多股铜导线的连接

单股铜导线与多股铜导线的连接方法如图 3-4-9 所示，先将多股导线的芯线绞合拧紧成单股状，再将其紧密缠绕在单股导线的芯线上 5～8 圈，最后将单股芯线线头折回并紧压在缠绕部位即可。

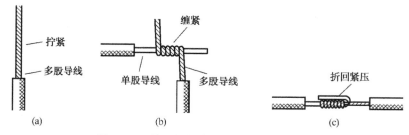

图 3-4-9　单股铜导线与多股铜导线的连接

三、导线连接处的绝缘处理

为了进行连接，导线连接处的绝缘层已被去除。导线连接完成后，必须对所有绝缘层已被去除的部位进行绝缘处理，以恢复导线的绝缘性能，恢复后的绝缘强度应不低于导线原有的绝缘强度。

导线连接处的绝缘处理通常采用绝缘胶带进行缠裹包扎。一般电工常用的绝缘带有黄蜡带、涤纶薄膜带、黑胶布带、塑料胶带、橡胶胶带等。常用的绝缘胶带的宽度为 20mm，使用较为方便。

1．一般导线接头的绝缘处理

一字形连接的导线接头可按图 3-4-10 所示进行绝缘处理，先包缠一层黄蜡带，再包缠一层黑胶布带。将黄蜡带从接头左边绝缘完好的绝缘层上开始包缠，包缠两圈后进入剥除了绝缘层的芯线部分。包缠时黄蜡带应与导线成 55° 左右倾斜角，每圈压叠带宽的 1/2，直至包缠到接头右边两圈距离的完好绝缘层处。然后将黑胶布带接在黄蜡带的尾端，按另一斜叠方向从右向左包缠，仍每圈压叠带宽的 1/2，直至将黄蜡带完全包缠住。包缠处理中应用力拉紧胶带，注意不可稀疏，更不能露出芯线，以确保绝缘质量和用电安全。对于 220V 线路，也可不用黄蜡带，只用黑胶布带或塑料胶带包缠两层。在潮湿场所应使用聚氯乙烯绝缘胶带或涤纶绝缘胶带。

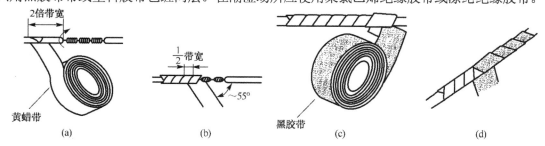

图 3-4-10　一字形连接的导线接头的绝缘处理

2．Ｔ字分支接头的绝缘处理

导线分支接头的绝缘处理基本方法同上，Ｔ字分支接头的绝缘处理如图 3-4-11 所示，绝缘胶带走一个 Ｔ 字形的来回，使每根导线上都包缠两层绝缘胶带，每根导线都应包缠到完好绝缘层的两倍胶带宽度处。

3．十字分支接头的绝缘处理

对导线的十字分支接头进行绝缘处理时，包缠方向如图 3-4-12 所示，绝缘胶带走一个十

字形的来回，使每根导线上都包缠两层绝缘胶带，每根导线也都应包缠到完好绝缘层的两倍胶带宽度处。

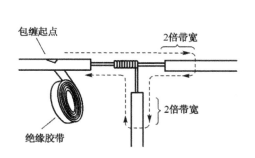

图 3-4-11　T 字分支接头的绝缘处理

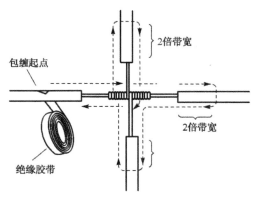

图 3-4-12　十字分支接头的绝缘处理

任务五　安装白炽灯（节能灯）

【任务情境】

在更换线路时，祝宗雪同学发现一些灯座坏了，同时他还想把白炽灯换成节能灯。原来白炽灯的灯座能直接安装节能灯吗？

【任务描述】

安装和检修白炽灯（节能灯）电路。

【计划与实施】

一、说一说

（1）白炽灯和节能灯的区别，节能灯能直接替换白炽灯吗？

（2）照明灯具安装有哪些基本原则？

二、画一画

白炽灯（节能灯）的控制电路。

三、做一做

（1）安装单联开关控制的白炽灯（节能灯）电路。

（2）安装双联开关控制的白炽灯（节能灯）电路。

四、查一查

设置1～2处故障，让学生检修。

【练习与评价】

一、练一练

1．判断题

（1）节能灯就是采用电子镇流器的紧凑型荧光灯。
（2）灯具安装的高度，室内一般不低于3m。
（3）照明电路一般由电源、导线、控制器件和灯具4个环节组成。
（4）室内照明开关一般安装在门边便于操作的位置。

2．实践操作题

吸顶灯和壁灯安装专项训练。

二、评一评

请反思在本任务进程中你的收获和疑惑，写出你的体会和评价。

任务总结与评价表

内　容		收　获	疑　惑
获得知识			
掌握方法			
习得技能			
学习体会			
学习评价	自我评价		
	同学互评		
	老师寄语		

【任务资讯】

电气照明装置广泛应用于生产和生活的各个领域。照明电路一般由电源、导线、控制器件和灯具4个环节组成，其中照明灯具作为照明电路的负载，将电能转换成光能实现照明。我国电力系统根据照明的不同功能，将电气照明划分为工作照明、局部照明和事故照明3种类型。

（1）工作照明：是指供整个工作场所正常使用而安装的照明装置。它又可以划分为生活照明、办公照明、景观照明和生产照明，是日常生活中应用最多的一种照明。

（2）局部照明：仅供工作点使用而安装的照明装置。它有固定式与携带式两种。

（3）事故照明：在工作照明熄灭的情况下，供人员疏散使用或用于暂时延续作业所需的照明。

一、白炽灯和节能灯

电光源的作用是将电能转换为光能。电光源的种类繁多，常用的照明电光源按其发光原理可分为热辐射光源和气体放电光源两大类。热辐射光源是利用物体高热发光的原理工作的，如白炽灯、碘钨灯等。气体放电光源是利用气体放电发光的原理工作的，如荧光灯、高压水银灯、霓虹灯等。室内照明常用的电光源主要有白炽灯、荧光灯、节能灯等。

1．白炽灯

白炽灯俗称灯泡，如图 3-5-1(a)所示，是最常见的电光源。白炽灯具有结构简单、使用方便、显色性好、可瞬间点亮、无频闪、可调光、价格低等优点，缺点是发光效率较低。

普通白炽灯结构如图 3-5-1(b)和图 3-5-1(c)所示，由灯头、接点、电源引线、灯丝、支架和玻壳等部分构成。白炽灯是靠电流加热灯丝（钨丝）至白炽状态而发光的。灯丝在将电能转换为可见光的同时，还会产生大量的红外线，大部分电能都变成热能散发掉了，因此白炽灯的发光效率较低。为延长灯丝寿命，通常把玻壳内抽成真空并充注氮、氦、氩等惰性气体。白炽灯的灯头有卡口式和螺口式两种形式，灯泡玻壳有普通透明型和磨砂型，白炽灯的主要技术参数是额定电压和额定功率，它们一般都直接标注在灯泡玻壳上。

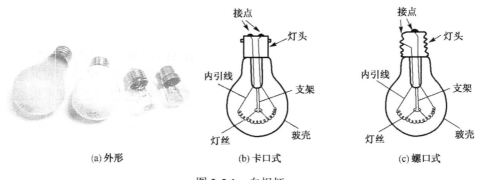

图 3-5-1　白炽灯

额定电压是指灯泡的设计使用电源电压，灯泡只有在额定电压下工作，才能获得其特定的效果。如果实际工作的电源电压高于额定电压，灯泡发光强度将变强，但寿命却大为缩短。如果电源电压低于额定电压，虽然灯泡寿命延长，但发光强度不足，发光效率降低。

额定功率是指灯泡的设计功率，即灯泡在额定电源电压下工作时所消耗的电功率。额定功率越大，灯泡的发光强度越高，通过灯泡的工作电流也越大。

2．节能灯

节能灯就是采用电子镇流器的紧凑型荧光灯，它将灯管和电子镇流器紧密地结合为一个整体，并配上普通白炽灯头（螺口或卡口），可直接替换白炽灯。节能灯具有节电、明亮、易启动、无频闪、功率因数高、寿命长和使用方便等突出优点，目前得到了普遍应用。图 3-5-2所示为部分节能灯外形。

节能灯包括节能荧光灯管和高效电子镇流器两个主要部分。节能荧光灯管采用了三基色荧光粉，发光效率大大提高，是白炽灯的 5～6 倍，比普通日光灯提高 40%左右。高效电子镇流器采用开关电源技术和谐振启辉技术，将 50Hz 的 220V 市电转换为 30～60kHz 的高频交流电，再去点亮节能荧光灯管，不仅效率和功率因数进一步提高，而且消除了普通日光灯的频闪和"嗡嗡"的噪声。

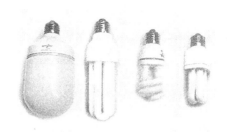

图 3-5-2 部分节能灯外形

二、照明灯具安装的基本原则

照明灯具按其配线方式、建筑结构、环境条件及对照明要求的不同，有吸顶式、壁式、嵌入式和悬吊式等几种安装方式，不论采用何种安装方式，都必须遵循以下原则：

（1）灯具安装的高度，室外一般不低于 3m，室内一般不低于 2.5m，如遇特殊情况不能满足要求时，可采取相应的保护措施或改用安全电压供电。

（2）灯具安装应牢固，灯具质量超过 3kg 时，必须固定在预理的吊钩上。

（3）灯具固定时，不应该因灯具自重而使导线受力。

（4）灯架及管内不允许有接头。

（5）导线的分支及连接处应便于检查。

（6）导线在引入灯具处应有绝缘物保护，以免磨损导线的绝缘层，也不应使其受到应力。

（7）必须接地或接零的灯具外壳应有专门的接地螺栓和标志，并和地线（零线）连接妥当。

（8）室内照明开关一般安装在门边便于操作的位置，拉线开关一般应离地 2～3 m，暗装翘板开关一般离地 1.3m，与门框的距离一般为 150～200mm。

（9）插座的安装高度一般应离地 1.3m。若需低装一般应离地 300mm，同一场地所装的插座高度应一致，其高度相差一般应不大于 5mm；多个插座成排安装时，其高度差应不大于 2mm。

三、白炽灯的安装与检修

1. 白炽灯的控制电路

白炽灯接通电源就能发光。图 3-5-3(a)为单联开关控制白炽灯电路；图 3-5-3(b)为双联开关控制白炽灯电路，多用于楼道照明。

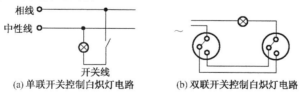

图 3-5-3 白炽灯的控制电路

2. 悬吊式白炽灯的安装

1）安装圆木

按照吊线盒或灯具法兰盘大小选取好圆木。用冲击钻在天花板上钻孔，嵌入木楔或膨胀

栓。若天花板为木结构则可直接用木螺钉固定。圆木在安装前，应先钻好出线孔，锯好线槽，再穿入导线，最后用木螺钉将圆木固定好。

2）安装吊线盒

先将导线从吊线盒底座孔穿出，用木螺钉将吊线盒固定在圆木上，如图3-5-4(a)所示。然后剥去两线头的绝缘层约2cm，并分别旋紧在吊线盒的接线柱上，如图3-5-4(b)所示。再取长度适当的一段软导线作为吊线盒和灯头的连接线，上端接吊线盒的接线柱，下端接灯头。在离软导线端5cm处打一结扣，如图3-5-4(c)所示。最后，将软导线的下端从吊线盒盖孔中穿出并旋紧盒盖。

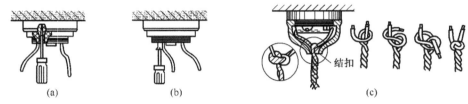

图3-5-4 吊线盒的安装

3）安装灯座

灯座俗称灯头，它有多种形式，常用灯座如图3-5-5所示，可根据需要选用。安装灯座时，旋下灯座盖，将软导线下端穿入灯座盖中，如图3-5-6(a)所示。在离线头约3cm处打一个如同图3-5-6(a)所示的结扣后，把两线分别接在灯座的接线柱上，如图3-5-6(a)所示，然后旋紧灯座盖。若为螺口灯座，则其相线应接在中心铜片所连的接线柱上，螺口灯座与电源线的连接如图3-5-6(b)所示。

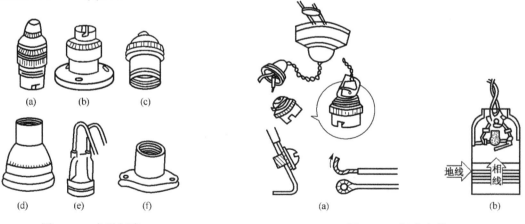

图3-5-5 各种灯座   图3-5-6 灯座安装

4）安装开关

开关主要有拉线开关和扳动式开关两种，如图3-5-7所示。控制开关应串接在灯座的相线上。对扳动式开关来说，一般向上为"合"，向下为"断"。

3．吸顶灯的安装

安装吸顶灯时，一般用塑料圆台代替圆木并将其直接固定在天花板上，塑料圆台、塑料接线盒和吸顶灯罩组合的安装方法如图3-5-8所示。

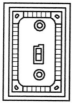

图 3-5-7　各种开关

4．壁灯的安装

壁灯可以安装在墙上或柱子上。若安装在墙上，一般要预埋金属构件或用冲电钻打孔，用膨胀螺栓安装金属构件；若安装在柱子上，可在柱子上打孔安装构件或用抱箍固定金属构件，然后再把壁灯固定在金属构件上，如图 3-5-9 所示。

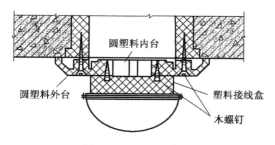

图 3-5-8　吸顶灯的安装

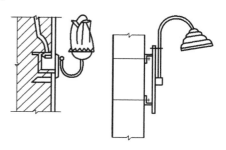

图 3-5-9　壁灯的安装

5．白炽灯常见故障及排除方法

白炽灯常见故障及排除方法参见表 3-5-1。

表 3-5-1　白炽灯常见故障及排除方法

故障现象	产生故障的可能原因	排除方法
灯泡不发光	① 灯丝断裂 ② 灯座或开关触点接触不良 ③ 熔丝烧断 ④ 电路开路 ⑤ 停电	① 更换灯泡 ② 修复或更换触点 ③ 更换熔丝 ④ 修复线路 ⑤ 验明，待电
灯泡发光强烈	灯丝局部短路（俗称搭丝）	更换灯泡
灯光忽亮忽暗，或时亮时暗	① 灯座或开关触点（或接线）松动，或表面存在氧化层 ② 电源电压波动 ③ 熔丝接触不良 ④ 导线连接处松动	① 修复松动的触点或接线，去除氧化层 ② 更换配电变压器，增加容量 ③ 重新安装或加固压紧螺钉 ④ 重新连接导线
不断烧断熔丝	① 灯座或接线盒连接处两线头相碰 ② 负载过大 ③ 熔丝太细 ④ 线路短路 ⑤ 胶木灯座两触点间严重烧毁	① 重新连接线头 ② 减轻负载或扩大导线容量 ③ 正确选配熔丝规格 ④ 修复线路 ⑤ 更换灯座
灯光暗红	① 灯座、开关或导线对地严重漏电 ② 灯座、开关接触不良，或连接处接触电阻增加 ③ 线路导线太长或太细，线路压降太大	① 更换灯座、开关或导线 ② 修复接触不良的触点，重新连接线头 ③ 缩短线路长度，或更换较大截面的导线

任务六　安装荧光灯

【任务情境】

祝宗雪同学家里的灯具除了刚换好的节能灯外还有日光灯，可是最近日光灯"罢工"了，灯管出现了两端发红中间不亮的情况，这到底是什么原因造成的呢？

【任务描述】

安装和检修荧光灯电路。

【计划与实施】

一、说一说

荧光灯的发光原理。

二、画一画

荧光灯的连接线路图。

三、写一写

荧光灯的安装步骤。

四、做一做

安装荧光灯电路。

五、查一查

设置 1～2 处故障让学生分析原因并排除故障。

【练习与评价】

一、练一练

1．判断题

（1）荧光灯照明线路主要由灯管、辉光启动器、镇流器等组成。

（2）荧光灯灯管两端发红中间不亮的原因是镇流器断路。

2．实践操作题

（1）荧光灯安装专项训练。

（2）荧光灯线路故障排除专项训练。

二、评一评

请反思在本任务进程中你的收获和疑惑，写出你的体会和评价。

任务总结与评价表

内　　容		收　　获	疑　　惑
获得知识			
掌握方法			
习得技能			
学习体会			
学习评价	自我评价		
	同学互评		
	老师寄语		

【任务资讯】

一、荧光灯的结构和工作原理

荧光灯是一种气体放电发光的电光源，通常为管状，如图 3-6-1 所示。日光色荧光灯是目前使用最普遍的荧光灯，因为光色接近于日光，所以也称为日光灯。与白炽灯相比，荧光灯具有光色好、光线柔和、灯管温度较低、发光效率较高、使用寿命长的显著优点，其缺点是结构较复杂、不可瞬间点亮等。

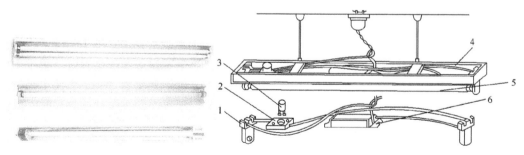

1—灯座；2—启辉器座；3—启辉器；4—灯架；5—灯管；6—镇流器

图 3-6-1　日光灯

1．荧光灯的组成

荧光灯照明线路主要由灯管、辉光启动器、镇流器、灯架和灯座等组成。

（1）灯管由玻璃管、灯丝和灯脚等组成，如图 3-6-2 所示。玻璃管内抽成真空后充入少量汞（水银）和氩等惰性气体，管壁涂有荧光粉，在灯丝上涂有电子粉。灯管常用的有 6W、8W、12W、20W、30W 和 40W 等规格。

（2）辉光启动器又称为启辉器或启动器，如图 3-6-3 所示，它由氖泡、纸介电容、出线

脚和外壳等组成。氖泡内装有 U 形动触片和静触片。启动器的规格有 4～8W、15～20W 和 30～40W，以及通用的 4～40W 等。并联在氖泡上的电容有两个作用：一是与镇流器线圈形成 LC 振荡电路，能延长灯丝的预热时间和维持感应电动势；二是能吸收干扰收音机和电视机的交流杂声。当电容因击穿而被拆除后，启动器仍能继续使用。

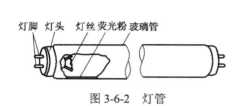

图 3-6-2　灯管

图 3-6-3　启动器

（3）镇流器有三个作用：一是在灯丝预热时，限制灯丝所需的预热电流值，防止预热温度过高而烧断灯丝，并保证灯丝电子的发射能力；二是在灯管启辉时，产生瞬间高压点燃灯管；三是在灯管启辉后，可以维持灯管的工作电压和限制灯管工作电流，以保证灯管能稳定工作。

镇流器有电感式和电子式两种，电感式镇压流器主要由铁芯和线圈等组成，如图 3-6-4 所示。近年来，由于电子式镇流器具有节能低耗、效率高、电路连接简单、不用启动器、工作时无噪声、功率因数高、能延长灯管使用寿命等优点，正逐步得到推广。

（4）灯架有木制和铁制两种，规格应配合灯管长度选用。

（5）灯座有开启式和弹簧式（也称插入式）两种。灯座规格有大型灯座和小型灯座两种，大型灯座适用于 15W 以上灯管，小型灯座适用于 6W、8W 和 12W 灯管。

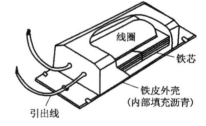

图 3-6-4　镇流器

2. 荧光灯的工作原理

荧光灯照明线路如图 3-6-5 所示。

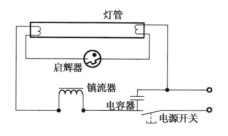

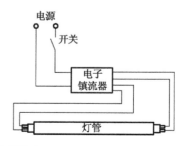

图 3-6-5　荧光灯照明线路

荧光灯属于气体放电光源。它是利用汞蒸气在外加电压作用下电离产生弧光放电，发出少许可见光和大量紫外线，紫外线又激励管内壁涂覆的荧光粉，使之再发出大量的可见光。然而，汞蒸气的弧光放电需高电压激发，这个高电压由启动器和镇流器配合产生。当荧光灯两引脚间（即启动器两端）有电压时，启动器的氖管发光，用双金属片制成的 U 形动触片短时受热而变形，接触静触片，闭合触点，使荧光管的灯丝电极加热。触点闭合时氖管熄灭，U 形动触片经过短时冷却，恢复原状，脱离静触片，触点断开。在这瞬间，镇流器将产生高电压激发汞蒸气弧光放电，使荧光灯管点燃。荧光灯点燃后启动器立即停止工作。镇流器与荧光灯串联，在荧光灯点燃后可以起到限制流过灯管电流的作用。

二、荧光灯照明线路的安装与检修

荧光灯的结构分解图如图 3-6-6 所示。

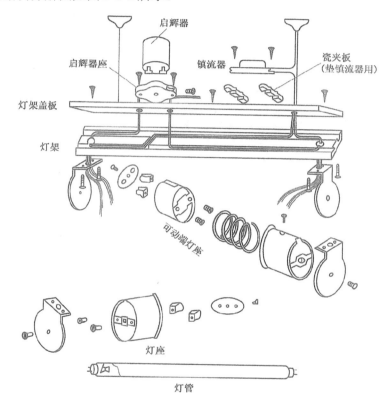

图 3-6-6 荧光灯的结构分解图

1．荧光灯照明线路的安装

（1）荧光灯灯座的安装。灯座是用于固定荧光灯灯管的，目前整套荧光灯架中的灯座都采用开启式，因为它固定方便，无须借助任何工具直接插入槽内即可。灯座的安装步骤如下：

① 根据荧光灯管的长度在灯架上确定两灯座的固定位置。

② 旋下灯座支架与灯座间的紧固螺钉，使其分离。

③ 用木螺钉分别固定两灯座支架。

④ 连接灯座引线。按灯管 2/3 的长度截取 4 根导线，旋下灯座接线端上的螺钉，将导线线端的绝缘层去除，绞紧线芯，沿螺钉边缘打圈，再将螺钉旋入灯座接线端。

注意：两灯座中有一个内部设有弹簧，接线时应先旋松灯脚上方的螺钉，使灯座与外壳分离，接线完毕后恢复原状，导线应穿在弹簧内。

⑤ 恢复灯座支架与灯座的连接。将灯座引线沿灯脚下端缺口引出，旋紧灯座支架与灯座的紧固螺钉。

（2）安装荧光灯镇流器。用螺钉固定好镇流器后，将镇流器的一接线端与灯脚一端相接，另一端与电源线相连。

（3）启动器的安装。先将木螺钉从启动器座的固定孔旋入，将其固定。然后分别从两个灯脚中取出一根导线与启动器连接，再将启动器插入启动器座内，沿顺时针方向旋转60°。

（4）荧光灯管的安装。先将灯管引脚插入有弹簧一端的灯脚内并用力推入，然后将另一端对准灯脚，利用弹簧的作用力使其插入灯脚内。

（5）将电源线接入荧光灯电路中。

（6）通电检验。接通开关，观察荧光灯的启动及工作情况。正常情况下，可以看到荧光灯管在闪烁数次后被点亮。

2. 荧光灯照明线路常见故障的检修

荧光灯照明线路常见故障及其排除方法参见表3-6-1。

表 3-6-1　荧光灯照明线路常见故障及其排除方法

故 障 现 象	产生故障的可能原因	排 除 方 法
灯管不发光	① 停电或熔丝烧断导致无电源 ② 灯座触点接触不良或电路线头松散 ③ 启辉器损坏或与基座触点接触不良 ④ 镇流器绕组或灯管内灯丝断裂或脱落	① 找出断电原因，排除故障后恢复送电 ② 重新安装灯管或连接松散线头 ③ 旋动启辉器看是否损坏，再检查线头是否脱落 ④ 用欧姆表检测绕组和灯丝是否开路
两端灯丝发亮	启辉器损坏，或内部小电容击穿	更换启辉器，若启辉器内部电容击穿，可剪去该电容继续使用
启辉困难（灯管两端不断闪烁，中间不亮）	① 启辉器不配套 ② 电源电压太低 ③ 环境温度太低 ④ 镇流器不配套，启辉器电流过小 ⑤ 灯管老化	① 换配套启辉器 ② 调整电压或降低线损，使电压保持在额定值 ③ 对灯管热敷（注意安全） ④ 换配套镇流器 ⑤ 更换灯管
灯光闪烁或管内有螺旋形滚动光带	① 启辉器或镇流器连接不良 ② 镇流器不配套（工作电压过大） ③ 新灯管暂时现象 ④ 灯管质量差	① 接好连接点 ② 换上配套镇流器 ③ 使用一段时间，会自行消失 ④ 更换灯管
镇流器过热	① 镇流器质量差 ② 启辉系统不良，使镇流器负担过重 ③ 镇流器不配套 ④ 电源电压过高	① 温度超过65℃应更换镇流器 ② 排除启辉系统故障 ③ 换配套镇流器 ④ 调低电压至额定工作电压
镇流器异声	① 铁芯叠片松动 ② 铁芯硅钢片质量差 ③ 绕组内部短路（伴随过热现象） ④ 电源电压过高	① 紧固铁芯 ② 换硅钢片或整个镇流器 ③ 换绕组或整个镇流器 ④ 调低电压至额定工作电压
灯管两端发黑	① 灯管老化 ② 启辉系统不良 ③ 电压过高 ④ 镇流器不配套	① 更换灯管 ② 排除启辉系统故障 ③ 调低电压至额定工作电压 ④ 换配套镇流器
灯管光通量下降	① 灯管老化 ② 电压过低 ③ 灯管处于冷风直吹位置	① 更换灯管 ② 调整电压，缩短电源线路 ③ 采取遮风措施
开灯后灯管马上被烧毁	① 电压过高 ② 镇流器短路	① 检查电压过高原因并排除故障 ② 更换镇流器
断电后灯管仍发微光	① 荧光粉余辉特性 ② 开关接到了零线上	① 过一会儿将自行消失 ② 将开关改接至相线

任务七 安装插座和插头

【任务情境】

如图 3-7-1 所示，插座安装是否正确？

图 3-7-1 插座

【任务描述】

正确安装插座和插头。

【计划与实施】

一、说一说

（1）安装插座的要求和方法。

（2）插头连接的要求。

二、做一做

安装插座，连接插头。

【练习与评价】

一、练一练

1．判断题

（1）安装单相三孔插座时，接地线"E"接上孔，零线"N"接左孔，相线"L"接右孔。
（2）插座的安装高度一般应离地 1.3m。
（3）双孔插座的双孔应垂直并列安装。

2．实践操作题

安装插座、连接插头专项练习。

二、评一评

请反思在本任务进程中你的收获和疑惑，写出你的体会和评价。

维修电工

任务总结与评价表

内　　容	收　　获	疑　　惑
获得知识		
掌握方法		
习得技能		
学习体会		
学习评价	自我评价	
	同学互评	
	老师寄语	

【任务资讯】

一、插座的安装

插座的品种也很多，使用时应根据安装方式（明装或暗装）、安装场所、负载功率大小等参数合理选择型号。常用的插座分双孔、三孔和四孔 3 种，其结构如图 3-7-2 所示。使用时，三孔的要选用品字形排列的扁孔结构，而不选用等边三角形排列的圆孔结构，因后者容易发生三孔互换而造成用电事故。

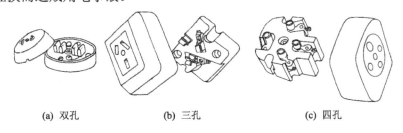

(a) 双孔　　　　　　(b) 三孔　　　　　　(c) 四孔

图 3-7-2　各种插座

装在配电板上的插座必须牢固地安装在建筑面上的木台上，暗敷线路的插座必须装在墙内插座承装盒上。各种插座的安装要求和方法如下：①双孔插座的双孔应水平并列安装，不准垂直安装，如图 3-7-3(a)所示。②三孔和四孔插座的接地孔（较粗的一个孔）必须放置在顶部位置，不准倒装或横装，如图 3-7-3(a)所示。③同一块木台上装有多个插座时，每个插座相应位置孔眼的相位必须相同，接地孔的接地必须正规。相同电压和相同相数的，应选用同一结构形式的插座；不同电压和不同相数的，应选用具有明显区别的插座，并应标明电压值。④线路上的导线应使线头的绝缘层完整地穿出木台表面，不准使芯线裸露在木台内部，木台内部的每个线头，不应靠近固定木螺钉，以防安装木螺钉时把线头绝缘层割破。

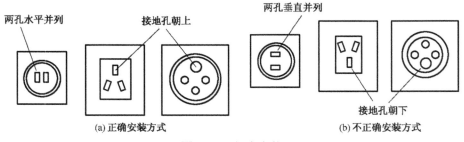

(a) 正确安装方式　　　　　　(b) 不正确安装方式

图 3-7-3　插座安装

插座的接线要注意：①对于单相三孔插座，接地线"E"接上孔，零线"N"接左孔，相线"L"接右孔，如图3-7-4(a)所示。②对于单相二孔插座，相线接在右孔，零线接在左孔，如图3-7-4(b)所示，不能接错。

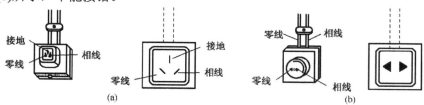

图 3-7-4　插座的接线

二、插头的连接

用电器具必须具有完整无损的插头，禁止把电源引线线头直接插入插座孔来引取电源。同时，除居民生活用于户内干燥非导电地面的移动用电器具外，其余各种移动用电器具的电源引线应采用三股或四股（三股用三柱插头，四股用于四柱插头）橡胶或塑料护套铜质多股软线，不准采用无护套层的并绞软线，规定和要求如下：①用于生活移动用电器具的芯线，最小截面积不得小于 $0.2mm^2$；用于生产移动用电器具的芯线，最小截面积不得小于 $0.5mm^2$。②三股或四股中的黑色或黄绿色芯线为接地线，不可用其他颜色的芯线作为接地线；不准在双股或三股护套软线的护套层外另加两根绝缘线作为接地线。③电源引线的端头（连同护套层）必须在插头内牢固地压住；没有压板结构的插头，应在端头结一个扣，以使芯线和插头连接处不直接承受引线的拉力。④每股线芯的绝缘层应完整，不准裸露在插头内腔中；芯线头与接线端子的连接必须正规。

 ## 任务八　选用低压配电电器

【任务情境】

一天晚上，祝宗雪同学在家里看书。突然停电了，一片漆黑，而邻居家却是光明依旧，肯定是自家的线路出了故障。从哪儿入手查明故障，恢复供电呢？

【任务描述】

常用低压配电电器的识别和检测。

【计划与实施】

一、认一认

图 3-8-1 中各是什么电器？有什么作用？

图 3-8-1　各种电器

二、说一说

（1）电度表的安装要求。

（2）熔断器的选用和安装要求。

（3）刀开关的选用和安装要求。

（4）漏电保护器的简单工作原理。

三、画一画

电度表直接接入的接线图。

四、测一测

漏电保护器的检测。

【练习与评价】

一、练一练

判断下例说法的对错。
（1）电能表是一种计量电功率的仪表。
（2）低压熔断器的额定电流应不大于所装熔体的额定电流。
（3）开启式刀开关应垂直安装在配电板上，并保证手柄向上推为合闸。
（4）漏电保护器可以在人体触电或线路漏电时进行保护。

二、评一评

请反思在本任务进程中你的收获和疑惑，写出你的体会和评价。

任务总结与评价表

内　　容		收　　获	疑　　惑
获得知识			
掌握方法			
习得技能			
学习体会			
学习评价	自我评价		
	同学互评		
	老师寄语		

【任务资讯】

一、电能表

电能表，又叫千瓦小时表（俗称火表或电度表），是计量电功（电能）的仪表。图 3-8-2 所示为一种最常用的单向交流感应式电度表示意图。

1．电能表的安装和使用要求

（1）电能表应按设计装配图规定的位置进行安装。应注意不能安装在高温、潮湿、多尘及有腐蚀性气体的地方。

（2）电能表应安装在不易受振动的墙上或开关板上，离地面以不低于 1.8m 为宜。这样不仅安全，而且便于检查和"抄表"。

（3）为了保证电能表工作的准确性，必须严格垂直装设。如有倾斜，会发生计数不准或停走等故障。

（4）电能表的导线中间不应有接头。接线时接线盒内螺钉应全部拧紧，不能松动，以免接触不良，引起接线柱发热而烧坏。配线应整齐美观，尽量避免交叉。

（5）电能表在额定电压下，当电流线圈无电流通过时，铝盘的转动不超过一转，功率消耗不超过 1.5W。根据实践，5A 的单相电能表每月耗电为 1kWh 左右。所以，每月电能表总需要贴补总电能表 1kWh 电。

（6）电能表装好后，开亮电灯，电能表的铝盘应从左向右转动。若铝盘从右向左转动，说明接线错误，应把相线（火线）的进出线调接一下。

（7）电能表在使用时，电路不允许短路，用电器总功率不得超过电能表额定功率的 125%。

2．电能表的连接

在低压较小电流线路中，电能表可采用直接接入方式，即电能表直接接入电路中，如图 3-8-3 所示，配电板（箱）上的电能表一般采用这种连接方式。

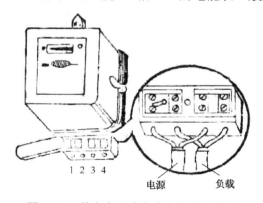

图 3-8-2　单向交流感应式电度表示意图

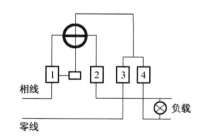

图 3-8-3　电能表直接接入式

二、熔断器

低压熔断器是低压供配电系统和控制系统中最常用的安全保护电器，主要用于短路保

护，有时也可用于过载保护。其主体是用低熔点的金属丝或金属薄片制成的熔体，串联在被保护电路中。它根据电流的热效应原理，在正常情况下，熔体相当于一根导线；当电路短路或过载时，电流很大，熔体因过热而熔化，从而切断电路起到保护作用。

1. 熔断器的符号和用途

熔断器的图形符号和文字符号如图3-8-4所示。

低压熔断器的种类不同，其特性和使用场合也有所不同，常用的熔断器有瓷插式熔断器和螺旋式熔断器，其外形结构和用途参见表3-8-1。

FU ▯

图 3-8-4　熔断器的图形符号和文字符号

表 3-8-1　常用的熔断器外形结构和用途

名　　称	瓷插式熔断器	螺旋式熔断器
结构	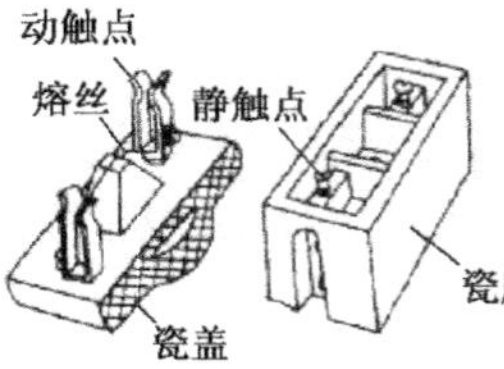  动触点　熔丝　静触点　瓷盖　瓷底	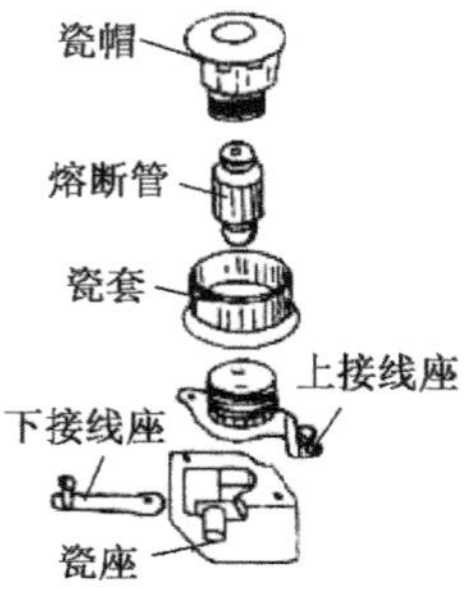  瓷帽　熔断管　瓷套　上接线座　下接线座　瓷座
常用型号	RC1A 系列	RL1、RL2、RL6、RL7、RLS1 系列
用途	一般在交流额定电压 380V、额定电流 200A 及以下的低压线路或分支线路中，用于电气设备的短路保护及过载保护	交流额定电压 380V、额定电流 200A 及以下的电路，用于控制箱、配电屏、机床设备及振动较大的场合，作短路保护

2. 熔断器的选用

选用低压熔断器时，一般只考虑熔断器的额定电压、熔断器的额定电流和熔体的额定电流3项参数，其他参数只有在特殊要求时才考虑。

（1）熔断器的额定电压。熔断器的额定电压是熔断器长期正常工作能承受的最大电压。若熔断器的实际工作电压大于其额定电压，熔体熔断时可能会发生电弧不能熄灭的危险。所以，低压熔断器的额定电压应不小于电路的工作电压。

（2）熔断器的额定电流。熔断器额定电流是熔断器（绝缘底座）允许长期通过的电流。一个额定电流等级的熔断器可以配若干个额定电流等级的熔体。低压熔断器的额定电流应不小于所装熔体的额定电流。

（3）熔体的额定电流。熔断器熔体的额定电流是熔体长期正常工作而不熔断的电流。

低压熔断器保护对象不同，熔体额定电流的选择方法也有所不同，低压熔断器熔体选用原则参见表3-8-2。

表 3-8-2　低压熔断器熔体选用原则

保护对象		选用原则
电炉和照明等电阻性负载		熔体额定电流不小于电路的工作电流
配电电路		为防止熔断器越级动作而扩大停电范围，后一级熔体的额定电流比前一级熔体的额定电流至少要大一个等级。同时，必须要校核熔断器的极限分断能力
电动机	单台	熔体的额定电流应不小于电动机额定电流 I_N 的 1.5～2.5 倍。通常，轻载启动或启动时间短时，系数可取小些；重载启动或启动时间较长时，系数可取大些
	多台	熔体的额定电流应不小于最大一台电动机额定电流 I_{Nmax} 的 1.5～2.5 倍加上同时使用的其他电动机额定电流之和

3．熔断器的安装与维护

熔断器的安装与维护要注意以下事项。

（1）安装低压熔断器时，应保证熔体和夹头，以及夹头和夹座接触良好，并具有额定电压、额定电流值标注。

（2）瓷插式熔断器应垂直安装，螺旋式熔断器的电源线应接在瓷底座的下接线座上，负载线应接在螺纹壳的上接线座上，如图 3-8-5 所示。这样在更换熔断管时，旋出螺帽后螺纹壳不带电，可保证操作者的安全。

（3）安装熔体时，必须保证接触良好，不允许有机械损伤。若熔体为熔丝时，应预留安装长度，固定熔丝的螺钉应加平垫圈，螺钉将熔丝两端沿压紧并顺时针方向绕一圈压在垫圈下，拧紧螺钉的力应适当，以保证接触良好，如图 3-8-6 所示。同时注意不能损伤熔丝，以免减小熔体的截面积，产生局部发热而导致误动作。

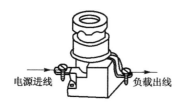

图 3-8-5　螺旋式熔断器的安装

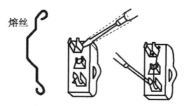

图 3-8-6　熔体的安装

（4）更换熔体或熔管时，必须切断电源，尤其不允许带负荷操作，以免发生电弧灼伤。因熔体烧断后外壳温度很高，容易烫伤，因此不要直接用手拔管状熔体。RL 系列熔断器或熔断管不能倒装。

（5）熔断器兼作隔离器件使用时，应安装在控制开关的电源进线端；若仅作短路保护用，应装在控制开关的出线端。

（6）安装熔断器除保证适当的电气距离外，还应保证安装位置间有足够的间距，以便于拆卸、更换熔体。

三、刀开关

刀开关是低压供配电系统和控制系统中最常用的配电电器，常用于电源隔离，也可用于不频繁地接通和断开小电流配电电路，或直接控制小容量电动机的启动和停止，是一种手动操作电器。目前，使用最为广泛的是开启式负荷开关（瓷底胶盖闸刀开关）和组合开关（转换开关）。

1．刀开关的符号和用途

常用的刀开关外形结构、符号、型号、名称和用途参见表 3-8-3。

表 3-8-3　常用的刀开关外形结构、符号、型号、名称和用途

名　称	开启式负荷开关	组合开关
结构		
符号	QS	SD
常用型号	HK1、HK2、HK4、HK8 系列	HZ5、HZ10、HZ15 系列
用途	主要用于照明、电热设备电路和功率小于 5.5kW 的异步电动机直接启动的控制电路中，供手动不频繁地接通或断开电路	主要用于机床电气控制电路中作为电源引入开关，也可用于不频繁地接通或断开电路，切换电源和负载，控制 5.5kW 及以下小容量异步电动机的正反转或丫一△启动

2．刀开关的选用

刀开关的选用，一般只考虑刀开关的额定电压、额定电流两项参数，其他参数只有在特殊要求时才考虑。

（1）刀开关的额定电压。刀开关的额定电压应不小于电路实际工作的最高电压。

（2）刀开关的额定电流。根据刀开关用途的不同，其额定电流的选择方法也有所不同。当用作隔离开关或控制一般照明、电热等电阻性负载时，其额定电流应等于或略高于负载的额定电流；当用于电动机直接启动控制时，瓷底胶盖闸刀开关只能控制容量小于 5.5kW 的电动机，其额定电流应大于电动机的额定电流；组合开关的额定电流应不小于电动机额定电流的 2 倍。

3．刀开关的安装与维护

刀开关的安装与维护要注意以下事项。

（1）开启式刀开关应垂直安装在配电板上，并保证手柄向上推为合闸。不允许平装或倒装，以防止产生误合闸。

（2）接线时，电源进线应接在开启式刀开关上面的进线端子上，负载出线接在开关下面的出线端子上，保证刀开关分断后，闸刀和熔体不带电，如图 3-8-7(a)所示。

（3）开启式负荷开关必须安装熔体。安装熔体时熔体要放长一些，形成弯曲形状，如图 3-8-7(b)所示。

（4）开启式负荷开关应安装在干燥、防雨、无导电粉尘的场所，其下方不得堆放易燃、易爆物品。

（5）HZ10 组合开关应安装在控制箱（或壳体）内，其操作手柄最好伸出在控制箱的前面或侧面，应使手柄在水平旋转位置时为断开状态。HZ3 组合开关的外壳必须可靠接地。

（6）组合开关若需在箱内操作，开关最好装在箱内右上方，在它的上方最好不安装其他电器，否则应采取隔离或绝缘措施。

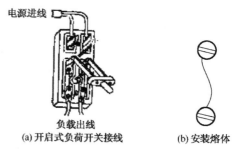

图 3-8-7　开启式负荷开关的安装

四、漏电保护器

漏电保护器能迅速断开有接地故障的电路，以防止间接电击伤亡和火灾事故。如果同熔断器配合使用，可靠性更高。漏电保护器的外形和原理图如图 3-8-7 所示。

图 3-8-8 中的虚线框内为漏电保护器结构示意图。从图中可以看出，220V 的交流电压经保护器内部的开关和线路接负载（灯泡），在保护器内部两条导线上缠有绕组，该绕组与铁芯上的绕组连接，当人体没有接触导线时，流过两根导线的电流大小相等，方向相反，它们产生大小相等、方向相反的磁场，这两个磁场相互抵消，两根导线上的绕组不会产生电动势，衔铁不动作。一旦人体接触导线，一部分电流会经人体直接到地，再通过大地回到电源的另一端，这样流过保护器内部两根导线的电流就不相等，它们产生的磁场也就不相等，不能完全抵消，即两根导线上的绕组有磁场穿过，绕组会产生电流，电流流入铁芯上的绕组，绕组产生磁场吸引衔铁，将开关断开，切断供电，触电者就得到了保护。

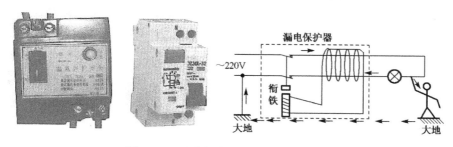

图 3-8-8　漏电保护器的外形和原理图

漏电保护器在使用前要先检测，其方法为：未接入电路前，先将开关拨至"ON"位置，用万用表的 R×1Ω挡或 R×10Ω挡测量漏电保护器的输入接线端与对应输出接线端是否相通（阻值为 0），相通则表明漏电保护器正常，否则表明漏电保护器内部损坏；然后将开关拨至"OFF"位置，测量输入接线端和对应输出接线端的阻值在正常情况下应为无穷大，否则表明漏电保护器内部损坏。经检测正常的漏电保护器接入电路后，在使用前，为了检验保护器的性能，应先按下"试验"按钮进行试验，保护器上的开关立即由"ON（接通）"跳至"OFF（断开）"位置，内部的触点开关断开。符合以上要求的漏电保护器才符合使用要求。

任务九　安装家用配电箱

【任务情境】

习惯了有电的日子，突然断电真是很不方便。经检查，祝宗雪同学家的突然断电是因为配电箱出了故障。由于他家的配电箱是老式的，祝宗雪同学决定更换一个新的。

【任务描述】

正确安装单相低压家用配电箱。

【计划与实施】

一、看一看

认一认图 3-9-1 中的电器，理一理电器间的连线。

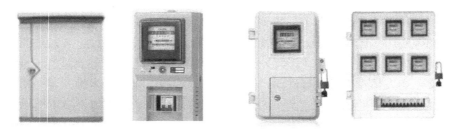

图 3-9-1　配电箱实物

二、画一画

家用配电箱的接线图。

三、做一做

（1）写出安装家用配电箱的步骤和方法。

（2）安装家用配电箱。

（3）相互检查同学安装的家用配电箱。

【练习与评价】

一、练一练

1．判断题

（1）配电箱除了分配电能外，还具有对用电设备进行控制、测量、指示及保护等作用。
（2）配电箱明装时，箱底距地面高度约 1.8m。
（3）配电箱内电能表应安装在方便观察的位置，漏电保护器要安装在便于操作和维护的位置。

2．实践操作题

配电箱安装专项训练。

二、评一评

请反思在本任务进程中你的收获和疑惑，写出你的体会和评价。

任务总结与评价表

内　　容		收　　获	疑　　惑
获得知识			
掌握方法			
习得技能			
学习体会			
学习评价	自我评价		
	同学互评		
	老师寄语		

【任务资讯】

一、配电箱概述

配电箱（板）是连接电源与用电设备的中间装置，除了分配电能外，还具有对用电设备进行控制、测量、指示及保护等作用。即将室内线路与室外供电线路连接起来；对室内供电进行通断控制；记录室内用电量；当室内线路出现过载或漏电时进行保护控制。

将测量仪表和控制、保护、信号等器件按一定要求安装在板上，便制成配电板。如果将其装入专用的箱内，便成为配电箱；还可以装在屏上，则成为配电屏。家用配电箱（板）一般由电能表、熔断器、刀开关或低压断路器等组成，外形如图 3-9-1 所示。

二、配电箱的安装

1．面板的制作及低压配电设备的安装

1）根据设计要求来制作面板

可根据单相电能表、熔断器、闸刀开关（或自动空气开关）和漏电保护器等的规格来确

定面板的尺寸，面板四周与箱体侧壁之间应留有适当的间距，以方便面板在箱内固定；配电板还需加边框，以方便在板的反面布线，面板参考尺寸如图 3-9-2 所示。

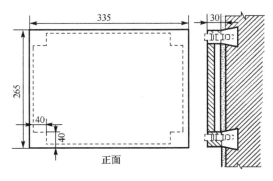

图 3-9-2　面板参考尺寸

2）实物排列

把全部待安装的低压配电设备置于水平放置的配电板上，先进行实物排列。将电能表安装在配电板上便于观察的位置，各回路的自动空气开关、漏电保护器（熔断器）要安装在便于操作和维护的位置，并要求在面板上排列整齐美观。常见的两种排列方案如 3-9-3 图所示。

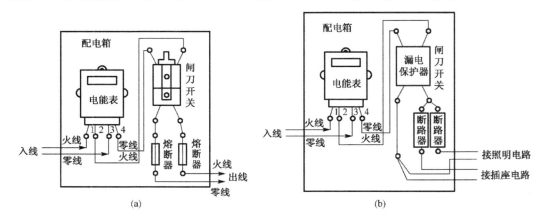

图 3-9-3　配电箱的实物排列方案

3）元器件间距离符合规范要求

各种元器件、出线口、绝缘导管等，离板面边缘的距离要求大于 3cm，各器件的间距规范参见表 3-9-1。按照配电器件排列的实际位置，标出每个器件的安装孔和进、出线孔的位置，然后钻 ϕ3mm 的小孔，再用木螺钉安装固定，并进行面板的刷漆。若采用厚度在 2mm 以上的铁质面板，则应在除锈后先刷防锈漆再安装。

表 3-9-1　配电板上各器件的间距规范表

相邻设备名称	上下距离/mm	左右距离/mm	相邻设备名称	上下距离/mm	左右距离/mm
仪表与线孔	80		指示灯与设备	30	30
仪表与仪表		60	插入式熔断器与设备	40	30
开关与仪表		60	设备与板边（或箱壁）	50	50
仪表与开关		50	线孔与板边（或箱壁）	30	30
开关与线孔	30		线孔与线孔	40	

4）牢靠固定电器

等面板上的漆干了以后，应在出线孔套上玻璃纤维的绝缘导管或橡皮护套，以保护导线。然后将全部配电器件摆正，用木螺钉固定牢靠。

2．配电板的接线

先根据电器仪表的容量、规格，选取导线的材料、截面与长度，再将导线排列整齐，捆绑成束，然后用卡钉将线束固定在配电板的背面，特别注意引入和引出的导线应留有余量，以便于维修。导线敷设完成以后，按设计图依次正确、可靠地与用电设备进行连接。

3．配电箱的安装

配电箱有两种安装方式，即明装方式和暗装方式。明装方式是指将配电箱直接安装在墙壁上，暗装方式是指将配电箱嵌入墙壁内安装。配电箱的两种安装方式如图 3-9-4 所示。

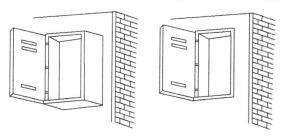

图 3-9-4　配电箱的安装

在安装配电箱时，要注意以下事项：

（1）配电箱应垂直安装。在暗装时，配电箱应紧贴墙内壁，箱门能够充分打开。

（2）配电箱明装时，箱底高度距地面约 1.8m，暗装时距地面约 1.4m。

（3）引出配电箱外的导线应套绝缘管。

垂直放置的开关、熔断器等设备的上端接电源，下端接负载；水平放置的设备左侧接电源，右侧接负载；螺旋式熔断器的中间端子接电源，螺旋端子接负载。对于母线颜色的选用应根据母线的类别来进行。一般规定如下：三相电源线 L_1、L_2、L_3 分别用黄、绿、红三色涂上标志，中性线涂以紫色，接地线用紫底黑条标识。接零系统中的零母线，由零线端子板分路引至各支路或设备，零线端子板上各分支路的排列位置必须与分支路熔断器的位置相对应。接地或接零保护线，必须先通过地线端子，再用保护接零（或接地）的端子板分路。配电板上所有器件的下方均安装卡片框，用于标明回路的名称，并可在适当的部位标注电气接线系统图。

如果没有配电箱，则也可以将电能表、闸刀开关和熔断器等安装在一块木板上（称为配电板），然后将配电板固定在墙上。由于没有箱体的保护，因此配电板一定要安装在比较高、人不易接触到的位置。

项目检测

一、判断题

（1）布线应根据线路要求、负载类型、场所环境等具体情况，设计相应的布线方案。

（2）节能灯的发光效率是白炽灯的 2～3 倍。

（3）开启式刀开关应垂直安装在配电板上，并保证手柄向下拉为合闸。

（4）灯具质量超过 5kg 时，必须固定在预埋的吊钩上。

（5）家用配电箱中各种元器件、出线口、绝缘导管等，离板面边缘的距离要求大于 3cm。

二、实践操作题

1．设计安装一块家用木制（或塑料板）配电板

1）工艺要求

按照正确的操作规范，利用给定的相关元器件完成配电板的安装，并对配电板进行检测、维修。

2）布线要求

（1）按电源相线电流流入的顺序，确定元器件在面板上的摆放顺序：三脚插头—单相电度表—单相闸刀—漏电保护器—熔丝盒—两孔插座—电灯开关—固定灯座。

（2）配电板垂直放置时，各器件的左侧接零线，右侧接相线，称为"左零右相"。

（3）螺口灯座和开关的内触点应接相线。单相电能表的接线是"左相右零"。

（4）配电板背面布线横平竖直，分布均匀，避免交叉，导线转角圆成 90°，圆角的圆弧形要自然过渡。

3）外观要求

（1）采用暗敷方式，元器件置于配电板正面，连线都在配电板背面。

（2）仪表置于板上方，便于观察；闸刀开关、电灯开关置于右侧，便于操作。

（3）连接仪表、开关的导线，其材料、长短合适，裸露部分要少，用螺钉压接后裸露线长度应小于 1mm，线头连接要牢固到位。

2．照明线路的安装

（1）在废砖墙上钻孔，安装金属膨胀螺栓。

（2）按图 3-9-5 所示安装"一个单联开关控制一盏白炽灯"电路。

要求：定位画线合理，元件固定可靠，导线连接规范，槽板安装横平竖直，电器导线无破损，导线头顺时针弯成羊眼圈固定在电器上。

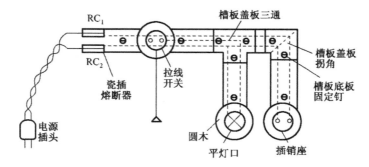

图 3-9-5 "一个单联开关控制一盏白炽灯"电路

项目四

控制电动机

项目目标

通过本项目的学习，应达到以下学习目标：

（1）能区别电动机的种类，说出电动机铭牌的含义，会拆装小型电动机。

（2）能对电动机进行日常维护，会处理电动机的一般故障。

（3）能识别和选用电动机控制电路所需的低压电器。

（4）能说出电动机单向启动、双向启动和降压启动的控制原理，会安装和调试电动机单向启动、双向启动和降压启动控制电路。

（5）能说出电动机调速的控制原理，会安装和调试电动机调速控制电路。

（6）能说出电动机制动的控制原理，会安装和调试电动机制动控制电路。

项目内容

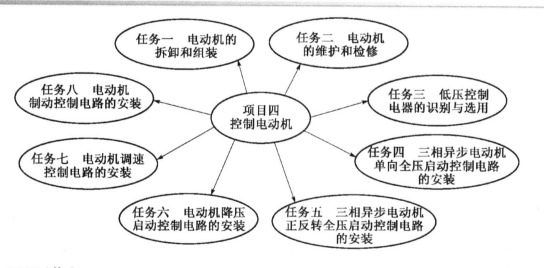

项目进程

 任务一　电动机的拆卸和组装

【任务情境】

根据学校安排，这学期电工班同学有两个月的时间下厂实践。在这次实践活动中，祝宗

雪、小任、小李和小夏四位同学被安排在电动机保养和维修组，这可乐坏了他们四人。他们决心要好好向师傅学习，踏踏实实地去干，争取早日掌握这项技能。

【任务描述】

认识电动机的结构特点，使用合适的工具，按步骤完成三相异步电动机的拆卸和组装。

【计划和实施】

一、列一列

要正确完成三相异步电动机的拆卸和组装，需要用到哪些工具和材料？请在下表中列出来。

三相异步电动机拆装所用工具与材料

	工　具		材　料
1		1	
2		2	
3		3	
4		4	
5		5	

二、写一写

把电动机的拆装步骤填在下列表格中。

三相异步电动机的拆装步骤

电动机的拆卸		电动机的组装	
步　骤		步　骤	
第 1 步		第 1 步	
第 2 步		第 2 步	
第 3 步		第 3 步	
第 4 步		第 4 步	
第 5 步		第 5 步	
第 6 步		第 6 步	
第 7 步		第 7 步	
第 8 步		第 8 步	
第 9 步		第 9 步	
第 10 步		第 10 步	
注意事项		注意事项	

三、拆一拆

按上述步骤，正确使用工具拆卸电动机。

四、装一装

按上述步骤，正确使用工具组装电动机。

【练习与评价】

一、练一练

（1）把你在电动机拆卸过程中遇到的问题列出来。

（2）电动机的结构主要由哪几个部分组成？各有什么作用？

（3）电动机的铭牌由几部分组成？它们分别表示什么含义？

二、评一评

请反思在本任务进程中你的收获和疑惑，在下表中写出你的体会和评价。

任务总结与评价表

内　容		收　获	疑　惑
获得知识			
掌握方法			
习得技能			
学习体会			
学习评价	自我评价		
	同学互评		
	老师寄语		

【任务资讯】

一、认识三相异步电动机

1．三相异步电动机的结构

三相异步电动机是利用电磁感应原理，将电能转换为机械能并拖动生产机械工作的动力机。按照它们使用电源相数的不同，可分为三相电动机和单相电动机。在三相电动机中，由于异步电动机的结构简单，运行可靠，使用和维修方便，能适应各种不同的使用场合。因此被广泛地应用于工农业生产中。

三相异步电动机由两个基本部分组成，固定不动的部分叫定子，转动的部分叫转子。三相异步电动机的基本结构如图 4-1-1 所示。

1）定子

电动机的定子主要由定子铁芯、定子绕组、机壳和端盖组成，其作用是通入三相交流电源时产生旋转磁场。

2）转子

电动机的转子主要由转子铁芯、转子绕组和转轴组成，其作用是在定子旋转磁场感应下产生电磁转矩，沿着旋转磁场方向转动，并输出动力带动生产机械运转。

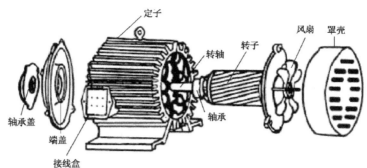

图 4-1-1　三相异步电动机的基本结构

2．三相异步电动机的铭牌

每台电动机的机壳上都有一块铭牌，上面标有型号、规格和有关技术数据，如图 4-1-2 所示。

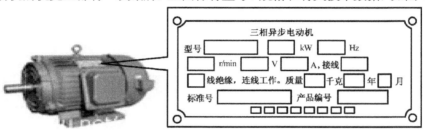

图 4-1-2　三相异步电动机的铭牌

1）型号

电动机的型号是表示电动机品种形式的代号，由产品代号、规格代号和特殊环境代号组成，其具体编制方法如下：

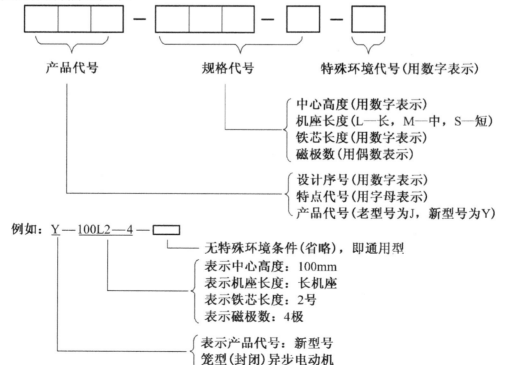

2）额定值

三相异步电动机铭牌上标注的主要额定值包括额定电压（U_e）、额定电流（I_e）、额定功率（P_e）、额定转速（n_e）、额定频率（f）等，它们是电动机正常工作必需的参数值。

二、三相异步电动机的拆卸步骤

三相异步电动机的拆卸操作步骤如下：

第1步，安装拉模。安装拉模时应注意使拉模丝杆轴与电动机轴中心线一致。不允许采用铁锤敲击的方法拆卸皮带轮或联轴器，一定要使用拉模，如图4-1-3所示。

第2步，拆卸风罩。先拧下电动机风罩的4只固定螺钉，再拆风罩，如图4-1-4(a)所示。

第3步，拆卸风扇。先拧下风扇的固定螺钉，再取下风罩，如图4-1-4(b)所示。

第4步，拆卸前轴承外盖。轴承外盖上一般有3只固定螺钉，应先用螺丝刀拧出固定螺钉后，再取下轴承外盖，并做好标记，如图4-1-4(c)所示。

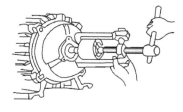

图4-1-3 拉模的使用示意图

第5步，拆卸前端盖。用螺丝刀取下4只固定螺钉后，再取下前端盖，并做好标记，如图4-1-4(d)所示。

第6步，拆卸后轴承外盖。拆卸后轴承外盖的方法与第4步相同。

第7步，拆卸后端盖，拆卸后端盖的方法与第6步方法相同。

第8步，不同质量转子的提取。对较轻的电动机转子，可1人用手托住转子，慢慢向外移取，如图4-1-4(e)所示。对较重的电动机转子，可两人配合作业，用手抬着转子，慢慢向外移取，如图4-1-4(f)所示。

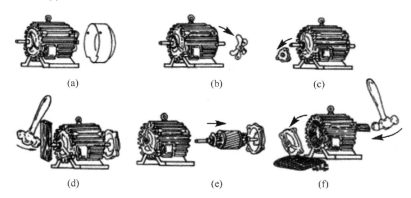

图4-1-4 三相异步电动机的拆卸

三、三相异步电动机的组装步骤

三相异步电动机的组装顺序与拆卸顺序相反。在组装前应清除电动机内部的灰尘，清洁轴承并加足润滑油，然后按以下顺序操作。

（1）在转轴上装上轴承盖和轴承。

（2）将转子慢慢移入定子中。

（3）安装端盖和轴承外盖。

安装端盖时，注意对准标记，固定螺栓要按对角线一前一后旋紧，不能松紧不一，以免损坏端盖或卡死转子。

安装轴承外盖时，先把它装在端盖中，然后插入一颗螺栓用一只手顶住，另一只手转动转轴，使轴承内盖与它一起转动。当内、外盖螺栓孔一致时，再将螺栓顶入，并均匀旋紧。

（4）安装风扇和风罩。

（5）安装皮带轮或联轴器。

四、异步电动机的拆卸装配注意事项

（1）拆移电动机后，电动机底座垫片要按原位摆放固定好，以免增加钳工对中的工作量。

（2）拆、装转子时，一定要遵守要点的要求，不得损伤绕组，拆前、装后均应测试绕组绝缘及绕组通路。

（3）拆、装时不能用手锤直接敲击零件，应垫铜、铝棒或硬木，对称敲。

（4）装端盖前应用粗铜丝，从轴承装配孔伸入钩住内轴承盖，以便于装配外轴承盖。

（5）用热套法装轴承时，只要温度超过 100℃，应停止加热，工作现场应配置 1211 灭火器。

（6）清洗电动机及轴承的清洗剂（汽、煤油）不允许随便乱倒，必须倒入污油井。

（7）检修场地需打扫干净。

任务二　电动机的维护和检修

【任务情境】

一大早，小祝和同学们来到了实习车间等候工人师傅的到来。今天给同学们上实践指导课的是一位主管机器维修的师傅。这位师傅对同学们说："机器要定期进行维护和检查，这很重要。一台机器使用得当，维护及时，它的寿命长，工作效率也会得到提高，否则，轻则机器损坏，影响工厂生产，重则可能会出现事故，造成人员伤亡和财产损失……。"

【任务描述】

认识对电动机进行定期检查的重要性；学会电动机的检查工作；能根据电动机的故障现象对电动机进行维修。

【计划与实施】

一、想一想

为什么要对电动机进行定期检查工作，并把理由写出来。

二、查一查

根据下表所列栏目，做好三相异步电动机的定期检查工作并记录。

三相异步电动机检查工作记录

步骤	内容	检查结果		
1	用兆欧表检查绝缘电阻	对地绝缘	U 相对机壳	
			V 相对机壳	
			W 相对机壳	
		相间绝缘	U-V 相间	
			V-W 相间	
			W-U 相间	
2	用万用表检查各相绕组直流电阻	U 相		
		V 相		
		W 相		
3	检查各紧固件松紧情况	端部螺钉		
		地脚螺钉		
		轴承盖螺钉		
		处理情况		
4	检查接地装置	完好情况		
		处理情况		
5	检查启动设备	完好情况		
		处理情况		
6	检查熔断器	完好情况		
		处理情况		
7	检查空载电流	I_U: _____ ; I_V: _____ ; I_W: _____ 。 处理意见:		

三、填一填

下表已经把三相异步电动机的各种故障现象列出来了，请你分析引起各种故障现象的原因，并写出对应的处理方法。

三相异步电动机常见故障表

现 象	原 因	处 理 方 法
不能启动		
运转声不正常		
温升超过允许值		
轴承发烫		
噪声过大		
振动剧烈		
运行中发生冒烟		

四、做一做

电动机实际故障处理。

【练习与评价】

一、练一练

（1）若定子、转子绕组一相断电或电源一相失电，会有什么样的故障现象？应该怎么处理？

（2）电动机剧烈振动是什么原因引起的？应怎么处理？

（3）电动机运行时发出连续不断的"吱吱"声是什么原因引起的？应如何处理？

二、评一评

请反思在本任务进程中你的收获和疑惑，写出你的体会和评价。

任务总结与评价表

内　　容		收　　获	疑　　惑
获得知识			
掌握方法			
习得技能			
学习体会			
学习评价	自我评价		
	同学互评		
	老师寄语		

【任务资讯】

一、电动机的日常技术维护

电动机除了运行前采取必要的各种技术保护措施外，还应进行日常技术维护。

1．保持电动机的清洁

电动机在运行中，进风口周围至少 3 米内不允许有尘土、水渍和其他杂物，以防止吸入电动机内部，形成短路介质，或损坏导线绝缘层，造成短路，使电流增大，温度升高而烧毁电动机。所以，要保证电动机有足够的绝缘电阻，以及良好的通风、冷却环境，才能使电动机在长时间运行中保持安全稳定的工作状态。

2．保持电动机在额定电流下工作

电动机过载运行，主要原因是由于拖动的负荷过大，电压过低，或被带动的机械卡滞等造成的。若过载时间过长，电动机将从电网中吸收大量的有功功率，电流便急剧增大，温度也随之上升，在高温下电动机的绝缘便老化失效而烧毁。因此，电动机在运行中，要注意经常检查传动装置运转是否灵活、可靠；联轴器的同心度是否标准；齿轮传动是否灵活等，若发现有卡滞现象，应立即停机查明原因，排除故障后再启动运行。

3．经常检查电动机三相电流是否平衡

三相异步电动机，其三相电流任何一相电流与其他两相电流平均值之差不允许超过 10%，

这样才能保证电动机安全运行。如果超过 10%则表明电动机有故障，必须查明原因并及时排除故障。

4. 检查电动机的温度

要经常检查电动机的轴承、定子、外壳等部位的温度有无异常变化，尤其对无电压、电流和频率监视及没有过载保护的电动机，对温升的监视更为重要。若发现轴承附近的温升过高，就应立即停机检查。若轴承的滚动体、滚道表面有裂纹、划伤或损缺，或轴承间隙过大，或内环在轴上不能转动等，都必须更新轴承后方可再行作业。

5. 观察电动机有无振动、噪声和异常气味

电动机正常运行时声音应均匀，无杂音和异响。声音不正常有下述几种情况：特大嗡嗡声，说明电流过量，可能是超负荷或三相电流不平衡引起的，特别是电动机单相运行时，嗡嗡声更大；咕噜咕噜声，可能是轴承滚珠损坏而产生的声音；不均匀的碰擦声，往往是由于转子与定子碰擦发出的异响，即扫膛声。

在电动机运行中，有时因超负荷运行时间过长，以致绕组发生绝缘损坏，就会嗅到一种特殊的绝缘漆气味。当发现电动机有异响和异味时，应停机检查，找出原因，排除故障后，才能继续运行。

电动机在运行中，尤其是大功率电动机更要经常检查地脚螺栓、电动机端盖、轴承压盖等是否松动，接地装置是否可靠，发现问题要及时解决。

6. 保证启动设备正常工作

电动机启动设备状态的好坏，对电动机能否正常启动起着决定性作用。实践证明，绝大多数烧毁的电动机，都是启动设备工作不正常造成的，如启动设备出现缺相启动，接触器触点拉弧、打火等。启动设备的维护工作主要是清洁、紧固。例如，接触器触点不清洁会使接触电阻增大，引起发热烧毁触点，造成缺相而烧毁电动机；接触器吸合线圈的铁芯锈蚀和积尘，会使线圈吸合不严，并发出强烈噪声，增大线圈电流，烧毁线圈而引发故障。

因此，电气控制柜应设在干燥、通风和便于操作的位置，并定期除尘。经常检查接触器触点、线圈铁芯、各接线螺钉等是否可靠，机械部位动作是否灵活，使其保持良好的技术状态，从而保证启动工作顺利而不烧毁电动机。

二、电动机常见故障及处理方法

三相异步电动机的一般故障有电动机不能启动、电动机运转时声音不正常、电动机温升超过允许值、电动机轴承发烫、电动机发出噪声、电动机剧烈振动和电动机在运行中冒烟等。

1. 电动机不能启动

电动机不能启动的原因及处理方法参见表 4-2-1。

表 4-2-1　电动机不能启动的原因及处理方法

原　因	处 理 方 法
① 电源未接通	① 检查断线点或接头松动点，重新装接
② 被带动的机械（负载）卡住	② 检查机器，排除障碍物
③ 定子绕组断路	③ 用万用表检查断路点，修复后再使用
④ 轴承损坏，被卡	④ 检查轴承，更换新件
⑤ 控制设备接线错误	⑤ 详细核对控制设备接线图，纠正错误接线

2．电动机运转时声音不正常

电动机运转时声音不正常的原因及处理方法参见表 4-2-2。

表 4-2-2　电动机运转时声音不正常的原因及处理方法

原　因	处 理 方 法
① 电动机缺相运行	① 检查断线处或接头松脱点，重新装接
② 电动机地脚螺栓松动	② 检查电动机地脚螺栓，重新调整，填平后再拧紧螺栓
③ 电动机转子、定子摩擦，气隙不均匀	③ 更换新轴承或校正转子与定子间的中心线
④ 风扇、风罩或端盖间有杂物	④ 拆开电动机，清除杂物
⑤ 电动机上部分紧固件松脱	⑤ 检查紧固件，拧紧松动的紧固件（螺钉、螺栓）
⑥ 皮带松弛或损坏	⑥ 调节皮带松紧度，更换损坏的皮带

3．电动机温升超过允许值

电动机温升超过允许值的原因及处理方法参见表 4-2-3。

表 4-2-3　电动机温升超过允许值的原因及处理方法

原　因	处 理 方 法
① 过载	① 减轻负载
② 被带动的机械（负载）卡住或皮带太紧	② 停电检查，排除障碍物，调整皮带松紧度
③ 定子绕组短路	③ 检修定子绕组或更换新电动机

4．电动机轴承发烫

电动机轴承发烫的原因及处理方法参见表 4-2-4。

表 4-2-4　电动机轴承发烫的原因及处理方法

原　因	处 理 方 法
①皮带太紧	①调整皮带松紧度
②轴承腔内缺润滑油	②拆下轴承盖，加润滑油至 2/3 轴承腔
③轴承中有杂物	③清洗轴承，更换新润滑油
④轴承装配过紧（轴承腔小，转轴大）	④更换新件或重新加工轴承腔

5．电动机发出噪声

电动机发出噪声的原因及处理方法参见表 4-2-5。

表 4-2-5　电动机发出噪声的原因及处理方法

原　因	处 理 方 法
① 熔丝一相熔断	① 找出熔丝熔断的原因，换上新的同等容量的熔丝
② 转子与定子摩擦	② 校正转子中心，必要时调整轴承
③ 定子绕组短路、断线	③ 检修绕组

6. 电动机剧烈振动

电动机剧烈振动的原因及处理方法参见表 4-2-6。

表 4-2-6 电动机剧烈振动的原因及处理方法

原　　因	处 理 方 法
① 基础不牢，地脚螺栓松动	① 重新加固基础，拧紧松动的地脚螺栓
② 所带的机具中心线不一致	② 重新调整电动机的位置
③ 电动机的线圈短路或转子断条	③ 拆下电动机，进行修理

7. 电动机在运行中冒烟

电动机在运行中冒烟的原因及处理方法参见表 4-2-7。

表 4-2-7 电动机在运行中冒烟的原因及处理方法

原　　因	处 理 方 法
① 定子线圈短路	① 检修定子线圈
② 传动皮带太紧	② 减轻传动皮带的过度张力

 任务三　低压控制电器的识别与选用

【任务情境】

一天，小祝在实习工厂的修理车间里看到了各种形状的电器，小祝充满好奇地问工人师傅："师傅，这些是什么？"工人师傅耐心地告诉小祝："这是按钮，这是接触器……它们都是低压控制电器，在电力拖动电路中起控制作用。"

【任务描述】

能说出常用低压控制电器的种类及作用；知道常用低压控制电器的结构、工作原理、选用及检测方法。

【计划与实施】

一、认一认

写出图 4-3-1 中低压电器的名称

（　　　）　　　　（　　　　　）　　　　（　　　　　）　　　　（　　　　　）

图 4-3-1 低压电器

二、画一画

画出按钮、接触器、热继电器、时间继电器的符号。

三、说一说

（1）说出按钮、接触器、热继电器、时间继电器的作用。

（2）说出选用按钮、接触器、热继电器、时间继电器的注意事项。

四、测一测

对按钮、接触器、热继电器、时间继电器进行检测。

【练习与评价】

一、练一练

（1）根据下列低压电器的名称填写图形符号与文字符号。

类　别	名　　称	图　形　符　号	文　字　符　号
接触器	线圈操作器件		
	常开主触点		
	常开辅助触点		
	常闭辅助触点		
热继电器	热元件		
	常闭触点		

（2）时间继电器的安装训练。

二、评一评

请反思在本任务进程中你的收获和疑惑，写出你的体会和评价。

任务总结与评价表

内　　容		收　获	疑　惑
获得知识			
掌握方法			
习得技能			
学习体会			
学习评价	自我评价		
	同学互评		
	老师寄语		

【任务资讯】

一、低压电器的分类及用途

低压电器是用于交流电压在 1200V 以下，直流电压在 1500V 以下的电路中起通断、控制、调节、变换、检测或保护等作用的电器，是电器工业的重要组成部分。电力系统的负荷用电绝大部分是经低压电器供给的，电力用户的各种生产机械设备，大部分是采用低压电源供电的，在庞大的低压配电系统和低压用电系统中，需要大量的控制、保护用低压电器。低压电器是供（配）电企业中的重要设备，在供（配）电系统中处于极为重要的地位，是保证配电网、生产设备安全可靠运行和人身安全的关键设备。

（1）按用途或所控制的对象分类，低压电器可分为配电电器和控制电器，参见表 4-3-1。

表 4-3-1　低压电器分类及用途

电器名称		主要品种	用途
配电电器	刀开关	大电流刀开关；熔断器式刀开关；板用刀开关、负荷开关	主要用于电路隔离，也能接通和分断额定电流
	转换开关	组合开关/换向开关	用于两种以上电源或负载的转换和通断电路
	断路器	框架式（万能式）断路器；塑料外壳式断路器；限流式断路器；漏电保护断路器	用于线路过载、短路或欠压保护，也可用于不频繁接通和分断电路
	熔断器	有填料熔断器；无填料熔断器；自复熔断器	用于线路或电气设备的短路和过载保护
控制电器	接触器	交流/直流接触器	主要用于远距离频繁启动或控制电动机，以及接通和分断正常工作的电路
	控制继电器	电流/电压继电器；时间继电器；中间继电器；热继电器	主要用于控制系统中，控制其他电器或用于主电路的保护
	启动器	磁力启动器；减压启动器	主要用于电动机的启动和正、反转控制
	开关/主令电器	按钮指示灯	用于接通或分断一个或几个电路中的电流

（2）按动作性质分类，低压电器可分为自动电器和手动电器。

① 自动电器：这类电器的接通、分断、启动、反向或停止等动作，是通过一套电磁机构操作完成的，只需输入操作机构一个信号，或其运行参数产生变化，便可自动完成所需的动作，如低压断路器、接触器、继电器。

② 手动电器：这类电器是靠人力用手，或通过杠杆直接扳动，或旋转操作手柄来完成各种操作的，如刀开关、按钮、转换开关。

二、几种常用低压电器

1. 按钮

1）按钮的作用

按钮是一种手动电器，如图 4-3-2 所示。通常用来接通或断开小电流控制电路。它不直接控制主电路的通断，而是在控制电路中发出"指令"去控制接触器、继电器等电器，再由它们去控制主电路。

图 4-3-2　各种按钮

2）按钮的选择和使用方法

（1）根据使用场合，选择按钮的型号和形式。

（2）按工作状态指示和工作情况的要求，选择按钮和指示灯的颜色。

（3）按控制回路的需要，确定按钮的触点形式和触点的组数。

（4）按钮用于高温场合时，易使塑料变形老化而导致松动，引起接线螺钉间相碰短路，可在接线螺钉处加套绝缘塑料管来防止短路。

（5）带指示灯的按钮因灯泡会发热，长期使用易使塑料灯罩变形，应降低灯泡电压，延长使用寿命。

2．接触器

接触器（图 4-3-3）适用于远距离频繁地接通或断开交、直流主电路及大容量的控制电路。其主要控制对象是电动机，也可用于控制其他负载。接触器不仅能实现远距离自动操作及欠压和失压保护功能，而且具有控制容量大、工作可靠、操作频率高、使用寿命长等特点。

1）交流接触器的结构

如图 4-3-4 所示是交流接触器的结构示意图。交流接触器由以下四部分组成。

（1）电磁系统。

电磁系统用来操作触点闭合与分断。它包括静铁芯、吸引线圈、动铁芯（衔铁）。铁芯用硅钢片叠制而成，以减少铁芯中的铁损耗，在铁芯端部极面上装有短路环，其作用是消除交流电磁铁在吸合时产生的振动和噪声。

图 4-3-3　交流接触器

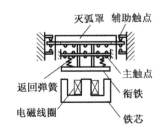

图 4-3-4　交流接触器的结构示意图

（2）触点系统。

触点系统起着接通和分断电路的作用。它包括主触点和辅助触点。通常主触点用于通断电流较大的主电路，辅助触点用于通断小电流的控制电路。

（3）灭弧装置。

灭弧装置（主要指灭弧罩）起着熄灭电弧的作用。

（4）其他部件。

其他部件主要包括恢复弹簧、缓冲弹簧、触点压力弹簧、传动机构及外壳等。

2）交流接触器的工作原理

当吸引线圈通电后，动铁芯被吸合，所有的常开触点都闭合，常闭触点都断开。当吸引线圈断电后，在恢复弹簧的作用下，动铁芯和所有的触点都恢复到原来的状态。

交流接触器适用于远距离频繁接通和切断电动机或其他负载的主电路，由于具备低电压释放功能，所以还可作为保护电器使用。

3）短路环

交流接触器在运行过程中，线圈中通入的交流电在铁芯中产生交变磁通，因而铁芯与衔铁间的吸力是变化的。这会使衔铁产生振动，发出噪声。更主要的是会影响到触点的闭合。为消除这一现象，在交流接触器的铁芯两端各开一个槽，槽内嵌装短路铜环，如图 4-3-5 所示。加装短路环后，当线圈通入交流电时，线圈电流 I_1 产生磁通 Φ_1，Φ_1 的一部分穿过短路环，环中感应出电流 I_2，I_2 又会产生一个磁通 Φ_2，两个磁通的相位不同，即 Φ_1、Φ_2 不同时为零，这样就保证了铁芯与衔铁在任

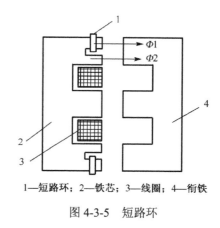

1—短路环；2—铁芯；3—线圈；4—衔铁

图 4-3-5　短路环

何时刻都有吸力，衔铁将始终被吸住，这样就解决了振动的问题。

4）接触器额定电压和电流的选择

（1）接触器的选择包括操作频率、额定电压和额定电流的选择。

（2）主触点的额定电流（或电压）应大于或等于负载电路的额定电流（或电压）。若接触器控制的电动机启动频繁或正反转频繁，一般将接触器主触点的额定电流降一级使用。

（3）吸引线圈的额定电压，应根据控制回路的电压来选择。

（4）当线路简单、使用电器较少时，可选用 380V 或 220V 电压的线圈；若线路较复杂、使用电器超过 5 个时，应选用 110V 及以下电压等级的线圈。

5）交流接触器的维护、常见故障及处理

（1）应定期检查接触器的各部件，要求可动部分不卡住，紧固部件无松脱，零部件若有损坏应及时检修。

（2）触点表面应保持清洁。

① 触点表面因电弧作用而形成金属小球时要及时铲除。

② 触点严重磨损后，超程应及时调整，当厚度只剩下 1/3 时，应及时更换触点。

③ 银合金触点表面因电弧而生成黑色氧化膜时，不会造成接触不良现象，因此不必锉修，以免缩短触点寿命。

（3）原本有灭弧罩的接触器一定要带灭弧罩使用，以免发生短路事故。

3．热继电器

热继电器是利用电流的热效应来推动机构使触点闭合或断开的保护电器。主要用于电动机的过载保护、断相保护、电流的不平衡运行保护及其他电器设备发热状态的控制。常见的双金属片式热继电器的外形如图 4-3-6 所示。

热继电器的技术参数主要有额定电压、额定电流、整定电流和热元件规格，选用时，一般只考虑其额定电流和整定电流两个参数，其他参数只有在特殊要求时才考虑。

（1）额定电压是指热继电器触点长期正常工作所能承受的最大电压。

图 4-3-6　双金属片式热继电器的外形

（2）额定电流是指热继电器允许装入热元件的最大额定电流，根据电动机的额定电流选择热继电器的规格，一般应使热继电器的额定电流略大于电动机的额定电流。

（3）整定电流是指长期通过热元件而热继电器不动作的最大电流。一般情况下，热元件的整定电流为电动机额定电流的 0.95～1.05 倍；若电动机拖动的是冲击性负载，或启动时间较长及拖动设备不允许停电的场合，热继电器的整定电流值可取电动机额定电流的 1.1～1.5 倍，若电动机的过载能力较差，热继电器的整定电流可取电动机额定电流的 0.6～0.8 倍。

（4）当热继电器所保护的电动机绕组是丫形接法时，可选用两相结构或三相结构的热继电器；当电动机绕组是△形接法时，必须采用三相结构带端相保护的热继电器。

4．时间继电器

常用的时间继电器主要有电磁式、电动式、空气阻尼式、晶体管式等。其中，电磁式时间继电器的结构简单，成本较低，但体积和质量较大，延时较短，且只能用于直流断电延时；电动式时间继电器的延时精度高，延时可调范围大（由几分钟到几小时），但结构复杂，成本较高。目前在电力拖动线路中应用较多的是空气阻尼式时间继电器。随着电子技术的发展，近年来晶体管式时间继电器的应用日益广泛。

空气阻尼式时间继电器又称气囊式时间继电器，是利用气囊中的空气通过小孔节流的原理来获得延时动作的。根据触点延时的特点，空气阻尼时间继电器可分为通电延时动作型和断电延时复位型两种。

下面以 JS7—A 系列空气阻尼式时间继电器为例，对时间继电器进行说明。

1）型号及含义

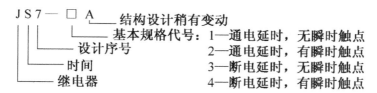

2）结构

JS7—A系列时间继电器的外形和结构如图4-3-7所示。它主要由以下几部分组成：

（1）电磁系统。由线圈、铁芯和衔铁组成。

（2）触点系统。包括两对瞬时触点（一常开、一常闭）和两对延时触点（一常开、一常闭），瞬时触点和延时触点分别是两个微动开关的触点。

（3）空气室。空气室为一空腔，由橡皮膜、活塞等组成。橡皮膜可随空气的增减而移动，

（4）调节螺钉。可调节延时时间。

（5）传动机构。由推杆、活塞杆、杠杆及各种类型的弹簧等组成。

（6）基座。用金属板制成，用于固定电磁机构和气室。

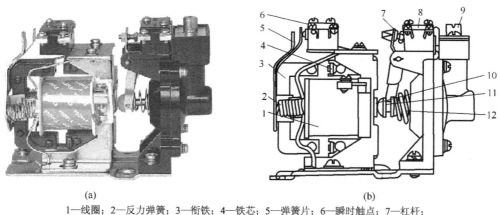

1—线圈；2—反力弹簧；3—衔铁；4—铁芯；5—弹簧片；6—瞬时触点；7—杠杆；
8—延时触点；9—调节螺钉；10—推杆；11—活塞杆；12—宝塔形弹簧

图4-3-7　JS7—A系列时间继电器的外形和结构

3）工作原理

JS7—A系列时间继电器的工作原理示意图如图4-3-8所示。其中图4-3-8(a)所示为通电延时型时间继电器，图4-3-8(b)所示为断电延时型时间继电器。

（1）通电延时型时间继电器的工作原理。

当线圈2通电后，铁芯1产生吸力，衔铁3克服反力弹簧4的阻力与铁芯吸合，带动推板5立即动作，压合微动开关SQ_2，使其常闭触点瞬时断开，常开触点瞬时闭合。同时活塞杆6在宝塔形弹簧7的作用下向上移动，带动与活塞13相连的橡皮膜9向上运动，运动的速度受进气孔12进气速度的限制。这时橡皮膜下面形成空气较稀薄的空间，与橡皮膜上面的空气形成压力差，对活塞的移动产生阻尼作用。活塞杆带动杠杆15缓慢地移动。经过一段时间，活塞才完成全部行程而压动微动开关SQ_1，使其常闭触点断开，常开触点闭合。由于从线圈

通电到触点动作需延时一段时间，因此 SQ_1 的两对触点分别称为延时闭合瞬时断开的常开触点和延时断开瞬时闭合的常闭触点。这种时间继电器延时时间的长短取决于进气的快慢，旋动调节螺钉 11 调节进气孔的大小，即可达到调节延时时间长短的目的。JS7—A 系列时间继电器的延时范围有 0.4~60s 和 0.4~180s 两种。

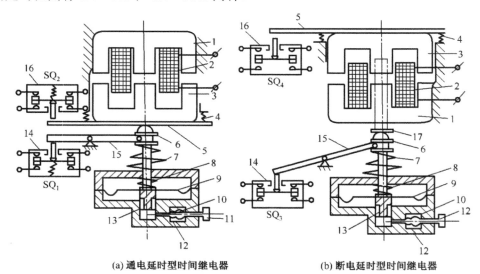

(a) 通电延时型时间继电器　　　　(b) 断电延时型时间继电器

1—铁芯；2—线圈；3—衔铁；4—反力弹簧；5—推板；6—活塞杆；7—宝塔形弹簧；

8—弱弹簧；9—橡皮膜；10—螺旋；11—调节螺钉；12—进气口；13—活塞；14、16—微动开关；15—杠杆；16—推杆

图 4-3-8　JS7—A 系列时间继电器的工作原理示意图

当线圈 2 断电时，衔铁 3 在反力弹簧 4 的作用下，通过活塞杆 6 将活塞 13 推向下端，这时橡皮膜 9 下方腔内的空气通过橡皮膜 9、弱弹簧 8 和活塞 13 局部所形成的单向阀迅速从橡皮膜上方的气室缝隙中排掉，使微动开关 SQ_1、SQ_2 的各对触点均瞬时复位。

（2）断电延时型时间继电器。

JS7—A 系列断电延时型和通电延时型时间继电器的组成元件是通用的。如果将通电延时型时间继电器的电磁机构翻转 180° 安装即成为断电延时型时间继电器。

空气阻尼式时间继电器的优点是：延时范围较大（0.4~180s），且不受电压和频率波动的影响；分成通电延时和断电延时两种形式；结构简单、寿命长、成本较低。其缺点是：延时误差大，难以精确地整定延时值，且延时值易受周围环境温度、尘埃等的影响。因此，对延时精度要求较高的场合不宜采用空气阻尼式时间继电器。

4）选用

（1）根据系统的延时范围和精度选择时间继电器的类型和系列。在延时精度要求不高的场合，一般可选用成本较低的 JS7—A 系列空气阻尼式时间继电器，反之，对精度要求较高的场合，可选用晶体管式时间继电器。

（2）根据控制电路的要求选择时间继电器的延时方式（通电延时或断电延时）。同时，还必须考虑电路对瞬时动作触点的要求。

（3）根据控制电路电压选择时间继电器吸引线圈的电压。

5）安装与使用

（1）时间继电器应按说明书规定的方向安装。无论是通电延时型还是断电延时型，都必须使继电器在断电后，释放时衔铁的运动方向垂直向下，其倾斜度不得超过5°。

（2）时间继电器的整定值，应预先在不通电时整定好，并在试车时校正。

（3）时间继电器金属底板上的接地螺钉必须与接地线可靠连接。

（4）通电延时型时间继电器和断电延时型时间继电器可在整定时间内自行调换。

（5）使用时，应经常清除灰尘及油污，否则延时误差将更大。

6）常见故障及处理方法

JS7—A系列时间继电器常见故障及处理方法参见表4-3-2。

表4-3-2 JS7—A系列时间继电器常见故障及处理方法

故障现象	可能的原因	处理方法
延时触点不动作	（1）电磁线圈断线 （2）电源电压过低 （3）传动机构卡滞或损坏	（1）更换线圈 （2）调高电源电压 （3）排除卡滞故障或更换部件
延时时间缩短	（1）气室装配不严密，漏气 （2）橡皮膜损坏	（1）修理或更换气室 （2）更换橡皮膜
延时时间变长	气室内有灰尘，使气道阻塞	清除气室内的灰尘，使气道畅通

三、常用电器分类及图形符号、文字符号

电器的图形符号目前执行GB 4728—85《电气图用图形符号》标准，该标准也是根据IEC国际标准制定的。该标准给出了大量的常用电器图形符号来表示产品特征。通常用一般符号表示比较简单的电器；对于一些组合电器，不必考虑其内部细节时可用方框符号表示。常用电器的分类、名称、图形符号及文字符号。

表4-3-3 常用电器的分类、名称、图形符号及文字符号

类别	名称	图形符号	文字符号	类别	名称	图形符号	文字符号
开关	单极控制开关	或	SA	位置开关	常开触点		SQ
	手动开关一般符号		SA		常闭触点		SQ
	三极控制开关		QS		复合触点		SQ
	三极隔离开关		QS	按钮	常开按钮		SB
	三极负荷开关		QS		常闭按钮		SB

维修电工

续表

类别	名称	图形符号	文字符号	类别	名称	图形符号	文字符号
开关	组合旋钮开关		QS	按钮	复合按钮		SB
	低压断路器		QF		急停按钮		SB
	控制器或操作开关	后 前 21012	SA		钥匙操作式按钮		SB
接触器	线圈操作器件		KM	热继电器	热元件		FR
	常开主触点		KM		常闭触点		FR
	常开辅助触点		KM	中间继电器	线圈		KA
	常闭辅助触点		KM		常开触点		KA
时间继电器	通电延时（缓吸）线圈		KT		常闭触点		KA
	断电延时（缓放）线圈		KT	电流继电器	过电流线圈	$I>$	KA
	瞬时闭合的常开触点		KT		欠电流线圈	$I<$	KA
	瞬时断开的常闭触点		KT		常开触点		KA
	延时闭合的常开触点	或	KT		常闭触点		KA

续表

类别	名　称	图形符号	文字符号	类别	名　称	图形符号	文字符号
时间继电器	延时断开的常闭触点	或	KT	电压继电器	过电压线圈	$U>$	KV
	延时闭合的常闭触点	或	KT		欠电压线圈	$U<$	KV
	延时断开的常开触点	或	KT		常开触点		KV
电磁操作器	电磁铁的一般符号	或	YA		常闭触点		KV
	电磁吸盘		YH	电动机	三相笼型异步电动机	M 3～	M
	电磁离合器		YC		三相绕线转子异步电动机	M 3～	M
	电磁制动器		YB		他励直流电动机	M	M
	电磁阀		YV		并励直流电动机	M	M
非电量控制的继电器	速度继电器常开触点	n	KS		串励直流电动机	M	M
	压力继电器常开触点	p	KP	熔断器	熔断器		FU
发电机	发电机	G	G	变压器	单相变压器		TC
	直流测速发电机	TG	TG		三相变压器		TM

续表

类别	名　称	图 形 符 号	文 字 符 号	类别	名　称	图 形 符 号	文 字 符 号
灯	信号灯（指示灯）	⊗	HL	互感器	电压互感器	⌣⌣⌣⌣ ⌣⌣⌣⌣	TV
	照明灯	⊗	EL		电流互感器	⊋	TA
接插器	插头和插座	─⟨　或　─⟨⟵	X 插头 XP 插座 XS	—	电抗器	⊋	L

任务四　三相异步电动机单向全压启动控制电路的安装

【任务情境】

祝宗雪等几位同学这几天在工厂的维修车间实习，某天的设备维修登记表显示：第二车间有一台砂轮机突然坏了，按下启动按钮，砂轮机旋转，可是一松开启动按钮，砂轮机便停止旋转了。看到这条维修信息，实习指导师郝济树师傅带着小祝和同学们就朝二车间走去。

【任务描述】

能简述单向全压启动控制线路的工作原理；会动手安装与调试单向全压启动控制电路。

【计划与实施】

一、画一画

画出电动机单向全压启动控制电路图。

二、读一读

识读电动机单向全压启动控制电路图，试着说说它的工作原理。

三、列一列

要安装以上电路需要哪些元件？请根据学校实际将所需要的元器件清单列出来，填写在下面的表格里。

序 号	名 称	符 号	型 号	规 格	数 量
1	三相异步电动机	M	Y112M—4	4kW、380V、△接法、6.8A、1440r/min	
2	组合开关	QS			
3	按钮	SB			
4	主电路熔断器	FU_1			
5	控制电路熔断器	FU_2			
6	交流接触器	KM			
7	端子板				
8	主电路导线				
9	控制电路导线				
10	按钮导线				
11	接地导线				

四、选一选

请选择本任务操作所需的工具和仪表，写出名称和型号（提示：操作工具包括螺丝刀、尖嘴钳、剥线钳、电工刀、验电笔、万用表、钳形电流表等）。

五、做一做

（1）写出安装本电路的步骤和方法。

（2）按规范的步骤和方法安装本电路。

六、测一测

（1）写出检测本电路的步骤和方法。

（2）按规范的步骤和方法检测本电路。

七、评一评

在下表中对自己或者同学的安装和检测技能评分。

项 目 \ 分值及标准	配分	评 分 标 准		扣 分
装前检查	5	电器元件漏检或错误	每处扣1分	
安装元件	15	（1）不按布置图安装 （2）元件安装不牢固 （3）元件安装不整齐、不对称、不合理 （4）损坏元件	扣15分 每处扣4分 每只扣3分 扣15分	
布线	40	（1）不按电路图接线 （2）布线不符合要求 　　主电路 　　控制电路 （3）接点不符合要求 （4）损坏导线绝缘或线芯 （5）漏接接地线	扣25分 每处扣4分 每处扣2分 每处扣1分 每根扣5分 扣10分	

续表

项　目　分值及标准	配分	评　分　标　准	扣　分	
通电试车	40	（1）第 1 次试车不成功　　　　　　　扣 20 分 （2）第 2 次试车不成功　　　　　　　扣 30 分 （3）第 3 次试车不成功　　　　　　　扣 40 分		
安全文明操作		违反安全文明操作规程（视实际情况扣分）		
额定时间		每超过 5min 扣 5 分		
开始时间		结束时间　　　　　　　实际时间　　　　　　　成绩		

【练习与评价】

一、练一练

（1）试分析电动机在什么情况下可以采用全压启动？

（2）若按下启动按钮，电动机有轻微的响声，但旋转无力，这是什么原因引起的？应如何检查并排除故障？

（3）若电动机不能自锁运行，应如何检查并排除故障？

（4）若按下启动按钮，电动机没有任何反应，那是什么原因引起的？应如何处理？

（5）请列出电动机单向全压启动控制电路都有哪些保护措施？它们是如何实现保护功能的？

二、评一评

请反思在本任务进程中你的收获和疑惑，写出你的体会和评价。

任务总结与评价表

内　容		收　获	疑　惑
获得知识			
掌握方法			
习得技能			
学习体会			
学习评价	自我评价		
	同学互评		
	老师寄语		

【任务资讯】

一、电动机全压启动的运行环境

　　三相异步电动机的启动方式有全压启动和降压启动两种。三相异步电动机全压启动又称直接启动，是指电动机直接在额定电压下启动。全压启动的电路具有结构简单、安装维修方便等优点。一般情况下，当电动机功率小于 10kW 或不超过供电变压器容量的 20%时，允许全压启动，否则应采用降压启动，以减小启动电流对电网的冲击。常用的全压启动方式具有通断电流能力强、动作迅速、操作安全、能频繁操作和远距离控制等优点。在自动控制电路系统中，全压启动电路主要承担接通和断开主电路的任务。自动控制直接启动电路可分为电动机单向运行直接启动控制电路（点动、自锁控制电路）、电动机正反转运行直接启动控制电路（正反转控制电路）等。

二、电动机运行的保护

欠压是指电路电压低于电动机应加的额定电压。欠压保护是指电路电压下降到某一数值时，电动机能自动脱离电源停转，避免电动机在欠电压下运行的一种保护。采用接触器自锁的控制电路具有欠压保护功能。

失压保护也称零压保护，是指电动机在正常运行中，由于外界某种原因引起突然断电时，能自动切断电动机电源；当重新供电时，保证电动机不能自行启动的一种保护。接触器自锁的控制电路也能实现失压保护。除此之外还有过负荷保护等，这将在后续任务中讲解。

三、工作原理的分析

1. 电动机点动控制

电动机点动控制电路图如图 4-4-1 所示，它操作过程和工作原理如下：

合上电源开关 QS。

启动：按下按钮 SB→接触器 KM 线圈通电吸合→接触器主触 KM 闭合→电动机 M 启动运行。

停止：松开按钮 SB→接触器 KM 线圈断电释放→接触器主触点 KM 断开→电动机 M 断电停转。

2. 电动机自锁控制

电动机自锁控制电路图如图 4-4-2 所示，它的操作过程和工作原理如下：

合上电源开关 QS。

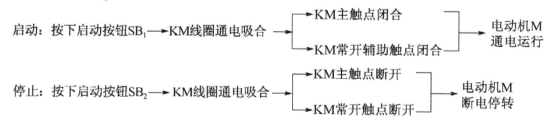

启动：按下启动按钮SB_1 ──→ KM线圈通电吸合 ──→ KM主触点闭合／KM常开辅助触点闭合 ──→ 电动机M通电运行

停止：按下启动按钮SB_2 ──→ KM线圈通电吸合 ──→ KM主触点断开／KM常开触点断开 ──→ 电动机M断电停转

四、电路安装

1. 固定元器件

将元器件固定在控制板上。要求元件安装牢固，并符合工艺要求。自锁控制电路元器件布置参考图如图 4-4-3 所示，按钮 SB 可安装在控制板外。

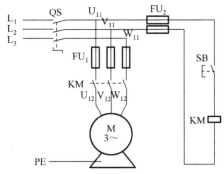

图 4-4-1　电动机点动控制电路图

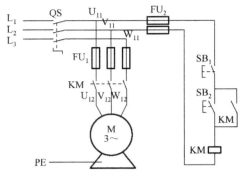

图 4-4-2　电动机自锁控制电路图

2．安装主电路

根据电动机容量选择主电路导线，按电气控制电路图接好主电路。

3．安装控制电路

根据电动机容量选择控制电路导线，按电气控制电路图接好控制电路。

五、知识拓展

1．板前明线布线安装工艺

（1）布线通道尽可能少，同路并行导线按主电路、控制电路分类集中，单层密集。

（2）布线尽可能紧贴安装面布线，相邻电器元件之间也可以"空中走线"。

（3）安装导线尽可能靠近元器件走线。

（4）布线要求横平竖直，分布均匀，自由成型。

（5）同一平面的导线应高低一致或前后一致，尽可能避免交叉。

（6）变换走向时应垂直成90°角。

2．有过载保护的接触器自锁控制电路

过载保护是指由于电动机长期负载过大，或启动操作频繁，或缺相运行等原因，能自动切断电动机电源，使电动机停止运转的一种保护方法。在工厂的动力设备上常采用这类保护方式。具有过载保护的接触器自锁控制电路如图 4-4-4 所示，请大家分析该电路的工作原理，并在控制板上完成接线和调试。

六、电路检测

1．主电路接线检查

按电路图从电源端开始，逐段核对接线有无漏接、错接之处，检查导线接点是否符合要求，压接是否牢固，以免带负载运行时产生闪弧现象。

2．控制电路接线检查

用万用表电阻挡检查控制电路接线情况。检查时，应选用倍率适当的电阻挡，并调零。

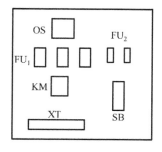

图 4-4-3 自锁控制电路元器件布置参考图

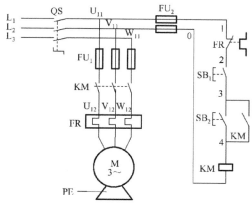

图 4-4-4 具有过载保护的接触器自锁控制电路图

（1）点动控制电路的检查（见图 4-4-1）。断开主电路，将表笔分别搭在 U_{11}、V_{11} 线端上，读数应为"∞"。按下点动按钮 SB 时，万用表读数应为接触器线圈的直流电阻值（如 CJ10—10 线圈的直流电阻值约为 1800Ω）；松开按钮 SB，万用表读数应为"∞"。然后断开控制电路待触点闭合后检查主电路有无开路或短路现象，此时可用手动来代替按钮进行检查。

（2）自锁控制电路的检查。松开启动按钮 SB_2，按下 KM 触点架，使其常开辅助触点同时按下停止按钮 SB_1，万用表读数应为接触线圈的直流电阻值。

（3）停车控制检查。按下启动按钮 SB_2 或 KM 触点架，测得接触器线圈的直流电阻值，同时按下停止按钮 SB_1，万用表读数由线圈的直流电阻值变为"∞"。

3．通电试车

为保证人身安全。在通电试车时，要认真执行安全操作规程的有关规定，由老师检查并现场监护。

点动控制电路的检查（见图 4-4-1）。接通三相电源 L_1、L_2、L_3，合上电源开关 QS，用试电笔检查熔断器出线端，氖管亮说明电源接通。按下 SB，观察接触器情况是否符合电路功能要求，观察电器元件动作是否灵活，有无卡滞及噪声过大现象，观察电动机运行是否正常。若有异常，立即停车检查。其他电路检查方法类似。

 ## 任务五 三相异步电动机正反转全压启动控制电路的安装

【任务情境】

在二车间，祝宗雪和同学们在郝济树师傅的带领下修好了砂轮机后，参观了车间里的设备，他们看到机床的摇臂一会儿升一会儿降，乖乖地为工人师傅们服务，没有丝毫的差错。看到这一切，他们很想探个究竟。

【任务描述】

能简述正反转全压启动控制电路的工作原理；会动手安装与调试正反转全压启动控制电路。

【计划与实施】

一、画一画

画出电动机正反转全压启动控制电路图。

二、读一读

识读电动机正反转全压启动控制电路图，试着说说它的工作原理。

三、列一列

要安装以上电路需要哪些元件？请根据学校实际情况将所需要的元器件清单列出来，填写在下面的表格里。

序 号	名 称	符 号	型 号	规 格	数 量
1	三相异步电动机	M	Y112M—4	4kW、380V、△接法、6.8A、1440r/min	
2	组合开关	QS			
3	按钮	SB			
4	主电路熔断器	FU_1			
5	控制电路熔断器	FU_2			
6	交流接触器	KM			
7	热过载保护器				
8	端子板				
9	主电路导线				
10	控制电路导线				
11	按钮导线				
12	接地导线				

四、选一选

请选择本任务操作所需的工具和仪表，写出名称和型号。

五、做一做

（1）写出安装本电路的步骤和方法。

（2）按规范的步骤和方法安装本电路。

六、测一测

（1）写出检测本电路的步骤和方法。

（2）按规范的步骤和方法检测本电路。

七、评一评

在下表中对自己或者同学的安装和检测技能评分。

项 目 （分值及标准）	配分	评分标准		扣 分
装前检查	5	电器元件漏检或错误	每处扣 1 分	
安装元件	15	（1）不按布置图安装	扣 15 分	
		（2）元件安装不牢固	每处扣 4 分	
		（3）元件安装不整齐、不对称、不合理	每只扣 3 分	
		（4）损坏元件	扣 15 分	
布线	40	（1）不按电路图接线	扣 25 分	
		（2）布线不符合要求		
		主电路	每处扣 4 分	
		控制电路	每处扣 2 分	
		（3）接点不符合要求	每处扣 1 分	
		（4）损坏导线绝缘或线芯	每根扣 5 分	
		（5）漏接接地线	扣 10 分	
通电试车	40	（1）第 1 次试车不成功	扣 20 分	
		（2）第 2 次试车不成功	扣 30 分	
		（3）第 3 次试车不成功	扣 40 分	
安全文明操作		违反安全文明操作规程（视实际情况扣分）		
额定时间		每超过 5min 扣 5 分		
开始时间		结束时间	实际时间	成绩

【练习与评价】

一、练一练

（1）电路为什么要采用联锁的形式？如果没有采用联锁形式会有什么后果？

（2）在操作中，若接通电源后，按下启动按钮，电路仍然不工作，那是什原因引起的？应如何检查并排除故障？

二、评一评

请反思在本任务进程中你的收获和疑惑，在下表中写出你的体会和评价。

任务总结与评价表

内　容		收　获	疑　惑
获得知识			
掌握方法			
习得技能			
学习体会			
学习评价	自我评价		
	同学互评		
	老师寄语		

【任务资讯】

1. 电动机正反转控制电路

电动机正反转控制电路是指采用某一方式使电动机实现正反转调换的控制电路。在工厂动力设备上，通常采用改变接入三相异步电动机绕组的电源相序来实现。

三相异步电动机的正反转控制电路有许多类型，如接触器联锁正反转控制电路、按钮联锁正反转控制电路、接触器按钮双重联锁正反转控制电路等。

2. 接触器联锁正反转控制电路

接触器联锁正反转控制电路中采用了两只接触器，即正转用的接触器 KM_1 和反转用的接触器 KM_2，它们分别由正转按钮 SB_1 和反转按钮 SB_2 控制，如图 4-5-1(b)所示。为了避免两只接触器 KM_1 和 KM_2 同时通电动作，在正反转控制电路中分别串接了对方接触器的一个常闭辅助触点。这样，当一个接触器通电动作时，通过其常闭辅助触点使另一个接触器不能通电动作，接触器间这种相互制约的作用称为接触器联锁（或互锁）。实现联锁作用的常闭辅助触点称为联锁触点（或互锁触点），用"▽"符号表示。

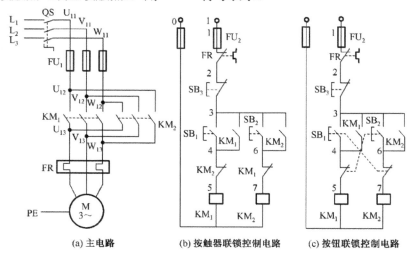

(a) 主电路　　(b) 接触器联锁控制电路　　(c) 按钮联锁控制电路

图 4-5-1　三相异步电动机双向全压启动控制电路

接触器联锁正反转控制电路的操作过程和工作原理如下。

合上电源开关 QS。

1）正转控制

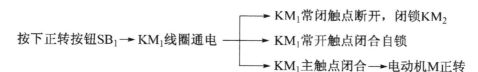

按下正转按钮SB₁→KM₁线圈通电
- → KM₁常闭触点断开，闭锁KM₂
- → KM₁常开触点闭合自锁
- → KM₁主触点闭合→电动机M正转

2）反转控制

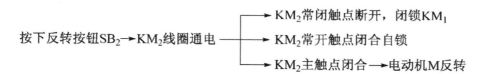

按下反转按钮SB₂→KM₂线圈通电
- → KM₂常闭触点断开，闭锁KM₁
- → KM₂常开触点闭合自锁
- → KM₂主触点闭合→电动机M反转

3）停止

按下停止按钮 SB₃→控制电路失电→KM₁（或 KM₂）主触点断开→电动机 M 停止运转→断开电源开关 QS。

3. 按钮联锁正反转控制电路

按钮联锁正反转控制电路是把正转按钮 SB₁ 和反转按钮 SB₂ 换成两个复合按钮，并用两个复合按钮的常闭触点代替接触器的联锁触点，从而克服了接触器联锁正反转控制电路操作不便的缺点，如图 4-5-1(c)所示。

按钮联锁正反转控制电路的操作过程和工作原理如下。

先合上电源开关 QS。

1）正转控制

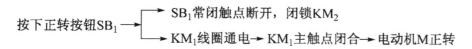

按下正转按钮SB₁
- → SB₁常闭触点断开，闭锁KM₂
- → KM₁线圈通电→KM₁主触点闭合→电动机M正转

2）反向控制

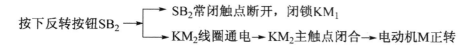

按下反转按钮SB₂
- → SB₂常闭触点断开，闭锁KM₁
- → KM₂线圈通电→KM₂主触点闭合→电动机M正转

3）停止

按下停止按钮 SB₃→控制电路失电→所有控制电器线圈失电→电动机 M 停止运转→断开电源开关 QS。

4. 双重联锁控制电路

为了保证电路能够更加安全地运行，三相异步电动机正反转全压启动往往采用双重联锁正反转控制电路，如图 4-5-2 所示。请大家分析其操作过程和工作原理，并在控制板上安装。

5．控制电路检测

用万用表电阻挡检查控制电路接线情况。检查时，应选用倍率适当的电阻挡，并调零。

1）检查控制电路通断

断开主电路，将万用表表笔分别搭在 U_{11}、V_{11} 线端上，万用表读数应为"∞"。按下正转按钮 SB_2（或反转按钮 SB_3）时，万用表读数应为接触器线圈的直流电阻值（如 CJ10—10 线圈的直流电阻值约为 1800Ω）；松开 SB_2（或 SB_3），万用表读数应为"∞"。

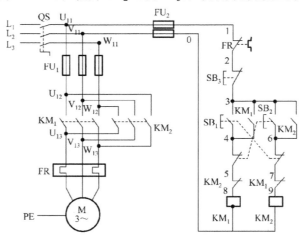

图 4-5-2　双重联锁正反转控制电路图

2）自锁控制电路的检查

松开启动按钮 SB_2（或 SB_3），按下 KM_1（或 KM_2）触点架，使其常开辅助触点闭合，万用表读数应为接触线圈的直流电阻值。

3）检查按钮联锁

同时按下正转按钮 SB_2 和反转按钮 SB_3，万用表读数为"∞"。

4）检查接触器联锁

同时按下 KM_1 和 KM_2 触点架，万用表读数为"∞"。

5）停车控制检查

按下启动按钮 SB_2（SB_3）或 KM_1（KM_2）触点架，测得接触器线圈的直流电阻值，同时按下停止按钮 SB_1，万用表读数由线圈的直流电阻值变为"∞"。

任务六　电动机降压启动控制电路的安装

【任务情境】

工厂新买了几台大功率电动机，郝济树师傅带着祝宗雪和同学们一起安装，忙了一整天后电动机终于安装好了。在对电动机进行调试时，小祝发现电动机启动时日光灯灯光明显变暗，如果两台电动机同时启动，还启动不了，这是怎么回事呢？郝师傅又是如何解决的呢？

【任务描述】

能简述降压启动控制电路的工作原理；会安装与调试星形—三角形（Y—△）降压启动控制电路。

【计划与实施】

一、画一画

画出电动机降压启动控制电路图。

二、读一读

识读电动机降压启动控制电路图，试着说说它的工作原理。

三、列一列

要安装以上电路需要哪些元件？请根据学校实际情况将所需要的元器件清单列出来，填写在下面的表格里。

序　号	名　　称	符　号	型　号	规　格	数　量
1	三相异步电动机	M	Y112M—4		
2	组合开关	QS			
3	按钮	SB			
4	主电路熔断器	FU₁			
5	控制电路熔断器	FU₂			
6	交流接触器	KM			
7	热过载保护器				
8	时间继电器				
9	端子板				
10	主电路导线				
11	控制电路导线				
12	按钮导线				
13	接地导线				

四、选一选

请选择本任务操作所需的工具和仪表，写出名称和型号。

五、做一做

（1）写出安装本电路的步骤和方法。

（2）按规范的步骤和方法安装本电路。

六、测一测

（1）写出检测本电路的步骤和方法。

（2）按规范的步骤和方法检测本电路。

七、评一评

在下表中对自己或者同学的安装和检测技能评分。

项 目 ＼ 分值及标准	配分	评 分 标 准		扣 分	
装前检查	5	电器元件漏检或错误	每处扣1分		
安装元件	15	（1）不按布置图安装 （2）元件安装不牢固 （3）元件安装不整齐、不对称、不合理 （4）损坏元件	扣15分 每处扣4分 每只扣3分 扣15分		
布线	40	（1）不按电路图接线 （2）布线不符合要求 　　主电路 　　控制电路 （3）接点不符合要求 （4）损坏导线绝缘或线芯 （5）漏接接地线	扣25分 每处扣4分 每处扣2分 每处扣1分 每根扣5分 扣10分		
通电试车	40	（1）第1次试车不成功 （2）第2次试车不成功 （3）第3次试车不成功	扣20分 扣30分 扣40分		
安全文明操作		违反安全文明操作规程（视实际情况扣分）			
额定时间		每超过5min扣5分			
开始时间		结束时间		实际时间	成绩

【练习与评价】

一、练一练

（1）请叙述Y—△降压启动控制电路的工作原理。

（2）请说出你在装接和调试过程中遇到的问题，并写出来。

二、评一评

请反思在本任务进程中你的收获和疑惑，写出你的体会和评价。

任务总结与评价表

内　容		收　获	疑　惑
获得知识			
掌握方法			
习得技能			
学习体会			
学习评价	自我评价		
	同学互评		
	老师寄语		

【任务资讯】

1. 三相异步电动机降压启动控制电路

三相异步电动机容量在 10kW 以上，或由于其他原因不允许直接启动时，应采用降压启动方式。降压启动也称减压启动。常见的降压启动方法有 丫—△降压启动、定子绕组串电阻（或电抗器）降压启动、自耦变压器降压启动和延边三角形降压启动等，其控制方法有手动控制和自动控制两种。在生产实际中用得最多的是 丫—△降压启动自动控制电路、定子绕组串电阻（或电抗器）降压启动自动控制电路和自耦变压器降压启动自动控制电路。

2. 定子绕组串电阻（或电抗器）降压启动自动控制电路

定子绕组串电阻（或电抗器）降压启动是指在电动机三相定子绕组串入电阻（或电抗器），电动机启动时串入的电阻（或电抗器）起降压限流作用；待电动机转速上升到一定值时，将电阻（或电抗器）切除，使电动机在额定电压下稳定运行。由于定子电路中串入的电阻要消耗电能，因此大、中型电动机常采用串联电抗器的启动方法，它们的控制电路是一样的。定子绕组串电阻（或电抗器）降压启动控制电路中，加到定子绕组上的电压一般只有直接启动时的一半，而电动机的启动转矩与所加电压平方成正比，故串电阻（或电抗器）降压启动的启动转矩仅为直接启动的 1/4。因此，定子绕组串电阻（或电抗器）降压启动方式仅适用于启动要求平衡，启动不频繁的电动机空载或轻载启动。

常见的定子绕组串电阻（或电抗器）降压启动自动控制电路如图 4-6-1 所示。图中主电路由两只接触器 KM_1、KM_2 主触点构成的串接电阻和短接电阻控制，其切换由控制电路的时间继电器定时自动完成。

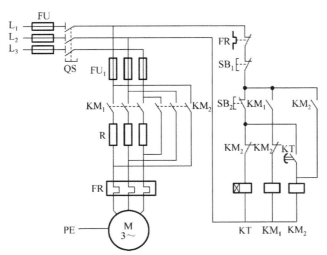

图 4-6-1 定子绕组串电阻（或电抗器）降压启动自动控制电路图

电路的操作过程和工作原理如下。

先合上电源开关 QS。

1）启动

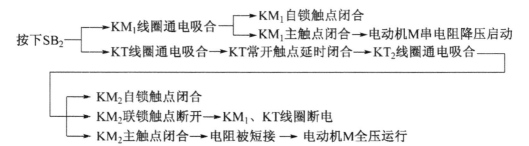

2）停止

按下 SB_1→控制电路断电→KM_1、KM_2 线圈断电释放→电动机 M 断电停车。

3．丫—△降压启动控制电路

丫—△降压启动是指在电动机启动时，控制定子绕组先接成丫形，至启动即将结束时再转换成△形进行正常运行的启动方法。丫—△降压启动控制电路，具有结构简单、成本低的特点，但其启动电流降为直接启动电流的 1/3，启动转矩也降为直接启动转矩的 1/3。因此，丫—△降压启动仅适用于电动机空载或轻载启动，并且要求正常运行时定子绕组为△形连接。

常见的丫—△降压启动自动控制电路如图 4-6-2 所示。图中主电路通过 3 只接触器 KM_1、KM_2、KM_3 主触点的通断配合，分别将电动机的定子绕组接成丫形或△形。当 KM_1、KM_3 线圈通电吸合时，其主触点闭合，定子绕组接成丫形；当 KM_1、KM_2 线圈通电吸合时，其主触点闭合，定子绕组接成△形。两种接线方式的切换由控制电路中的时间继电器定时自动完成。

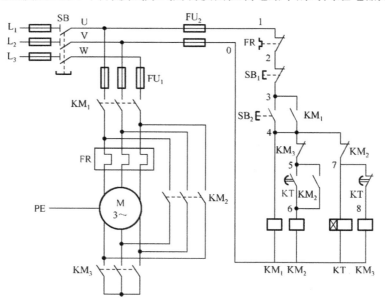

图 4-6-2　丫—△降压启动自动控制电路图

丫—△降压启动自动控制电路的操作过程和工作原理如下。

先合上电源开关 QS。

1）丫启动△运行

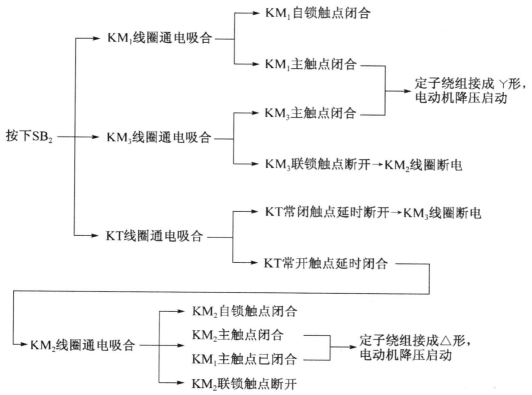

2）停止

按下 SB_1→控制电路断电→KM_1、KM_2、KM_3线圈断电释放→电动机 M 断电停车。

4．延边△形降压启动控制电路

延边△形降压启动控制电路是指电动机启动时，把定子绕组的一部分接成△形，另一部分接成丫形，使整个绕组接成延边△形，待电动机启动后，再把定子绕组改接成△形全压运行的控制电路，如图 4-6-3 所示。请大家分析其操作过程和工作原理，并在控制板上安装。

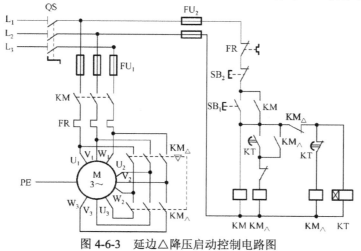

图 4-6-3　延边△降压启动控制电路图

5. 电路布置

三相异步电动机丫—△降压启动控制电路参考布置图如图 4-6-4 所示。

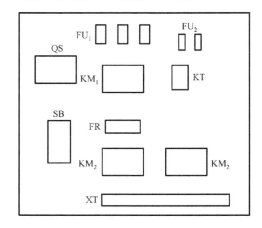

图 4-6-4　丫—△降压启动控制电路参考布置图

任务七　电动机调速控制电路的安装

【任务情境】

今天，郝济树师傅又带着祝宗雪和同学们下车间维修了。

车间里的机器真多啊！有车床、磨床、铣床，还有一些说不出名字的机器。在一台机床前，小祝和同学们停了下来，仔细观察机床的操作过程。突然，小李发现了这台机器一会儿快，一会儿慢，有两个转速。一台机器怎么会有两个转速呢？这台机器的电动机在结构上是不是与一般的电动机有什么不同呢？它的速度控制又是如何实现的呢？大家心里都在仔细琢磨着。

【任务描述】

能简述电动机调速控制电路的工作原理；会安装调试三相异步电动机的调速控制电路。

【计划与实施】

一、画一画

画出电动机调速控制电路图。

二、读一读

识读电动机调速控制电路图，试着说说它的工作原理。

三、列一列

要安装以上电路需要哪些元件？请根据学校实际情况将所需要的元器件清单列出来，填写在下面的表格里。

序　号	名　称	符　号	型　号	规　格	数　量
1	三相异步电动机	M	Y112M—4		
2					
3					
4					
5					
6					
7					
8					
9					
10					
11					
12					
13					

四、选一选

请选择本任务操作所需的工具和仪表，写出名称和型号。

五、做一做

（1）写出安装本电路的步骤和方法。

（2）按规范的步骤和方法安装本电路。

六、测一测

（1）写出检测本电路的步骤和方法。

（2）按规范的步骤和方法检测本电路。

七、评一评

在下表中对自己或者同学的安装和检测技能评分。

项目 \ 分值及标准	配分	评分标准		扣分
装前检查	5	电器元件漏检或错误	每处扣1分	
安装元件	15	（1）不按布置图安装 （2）元件安装不牢固 （3）元件安装不整齐、不对称、不合理 （4）损坏元件	扣15分 每处扣4分 每只扣3分 扣15分	
布线	40	（1）不按电路图接线 （2）布线不符合要求 主电路 控制电路 （3）接点不符合要求 （4）损坏导线绝缘或线芯 （5）漏接接地线	扣25分 每处扣4分 每处扣2分 每处扣1分 每根扣5分 扣10分	
通电试车	40	（1）第1次试车不成功 （2）第2次试车不成功 （3）第3次试车不成功	扣20分 扣30分 扣40分	
安全文明操作		违反安全文明操作规程（视实际情况扣分）		
额定时间		每超过5min扣5分		
开始时间		结束时间	实际时间	成绩

【练习与评价】

一、练一练

（1）请叙述三相异步电动机调速控制电路的工作原理。

（2）请说出你在装接和调试过程中遇到的问题，并写出来。

二、评一评

请反思在本任务进程中你的收获和疑惑，写出你的体会和评价。

任务总结与评价表

内　　容		收　　获	疑　　惑
获得知识			
掌握方法			
习得技能			
学习体会			
学习评价	自我评价		
	同学互评		
	老师寄语		

【任务资讯】

1. 调速控制方法

三相异步电动机调速方法有变极调速（改变定子绕组磁极对数）、变频调速（改变电动机电源频率）和变转差率调速（定子调压调速、转子回路串电阻调速、串级调速）等方法。目前，机床设备电动机的调速方法仍以变极调速为主。

双速异步电动机就是采用变极调速方式运行的。

2. 双速异步电动机定子绕组的连接

双速异步电动机定子绕组的连接方法如图 4-7-1 所示。其中图 4-7-1(a)为低速运行时的△形接法。电动机的三相定子绕组接成△形，三相电源线连接在接线端 U_1、V_1、W_1，每相绕组的中点接出的接线端 U_2、V_2、W_2 空着不接。若此时电动机磁极为 4 极，则同步转速为 1500r/min。图 4-7-1(b)为高速运行时的丫丫接法。把电动机的绕组接线端 U_1、V_1、W_1 连接在一起，三相电源分别接到 U_2、V_2、W_2 接线端上。此时，电动机定子绕组为丫丫连接，磁极为 2 极，同步转速为 3000r/min。

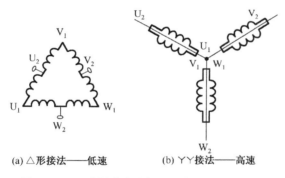

(a) △形接法——低速   (b) 丫丫接法——高速

图 4-7-1　双速异步电动机定子绕组的连接方法

3. 电气控制原理

时间继电器控制三相异步电动机调速控制电路如图 4-7-2 所示。图中，主电路由 3 个接触器 KM_1、KM_2、KM_3 的主触点实现△—丫丫的变换控制。接触器 KM_1 的主触点闭合，电动机的三相定子绕组接成△形；接触器 KM_2、KM_3 的主触点闭合，电动机的三相定子绕组接成丫丫形。时间继电器控制三相异步电动机调速控制电路适用于大功率电动机。

通过选择开关 SA 选择低速运行或高速运行。当 SA 置于"1"位置，选择低速运行时，接通 KM_1 线圈电路，直接启动低速运行；当 SA 置于"2"位置，选择高速运行时，首先接通 KM_1 线圈电路低速启动，然后由时间继电器 KT 自动切断 KM_1 线圈电路，同时接通 KM_2 和 KM_3 线圈电路，电动机的转速自动由低速切换到高速。

电动机调速控制电路的操作过程和工作原理如下。

先合上电源开关 QS。

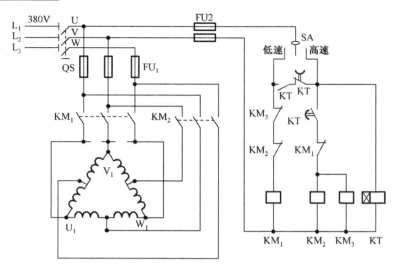

图 4-7-2　时间继电器控制三相异步电动机调速控制电路图

1）启动

选择开关 SA 选择高速运行（SA 置"1"）。

2）停止

选择开关 SA 置中间→KM₁（或 KM₂、KM₃）线圈断电释放→电动机 M 断电停车。

4．选择开关控制三相异步电动机双速控制电路

在小功率电动机中，常用选择开关控制电路实现三相异步电动机双速控制，其主电路与时间继电器控制的三相异步电动机双速控制电路相同，选择开关控制电路如图 4-7-3(a)所示。

选择开关控制的控制电路通过选择开关 SA 选择低速运行或高速运行。当 SA 置于"低速"位置，选择低速运行时，接通 KM₁ 线圈电路，电动机启动低速运行；当运行一定时间后，将 SA 置于"高速"位置，选择高速运行，接通 KM₂ 和 KM₃ 线圈电路，手动将电动机的转速切换到高速。

请大家分析选择开关控制电路的操作过程和工作原理，并在控制板上安装。

5. 按钮控制三相异步电动机双速控制电路

在小功率电动机中，还可用按钮控制电路实现三相异步电动机双速控制，其主要电路与时间继电器控制的三相异步电动机双速控制电路相同，按钮控制电路如图 4-7-3(b)所示。

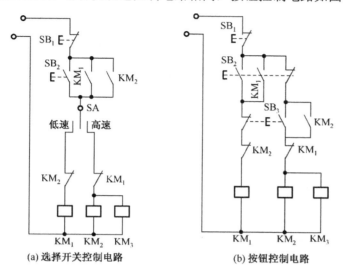

图 4-7-3　三相异步电动机调速控制电路

按钮控制电路通过复合按钮进行控制。复合按钮 SB$_2$ 接通 KM$_1$ 线圈电路，电动机低速运行；当运行一定时间后，通过复合按钮 SB$_3$ 接通 KM$_2$ 和 KM$_3$ 线圈电路，电动机高速运行。为防止两种接线方式同时存在，KM$_1$ 和 KM$_2$ 的常开辅助触点构成互锁。

该电路的操作过程和工作原理也请大家自行分析。

 任务八　电动机制动控制电路的安装

【任务情境】

这几天，有个问题老是在小祝心中盘旋：物理老师说过物体都是有惯性的，可是小祝在港口搬运处，就偏偏看到了"没有惯性"的起重吊车，吊车能稳稳地把重物吊起，又能稳稳地把重物放下。难道惯性真的没有了吗？小祝带着这个疑问请教了电工老师。

【任务描述】

能简述电动机制动控制电路的工作原理；会安装与调试电动机制动控制电路。

【计划与实施】

一、画一画

画出电动机制动控制电路图。

二、读一读

识读电动机制动控制电路图，试着说说它的工作原理。

三、列一列

要安装以上电路需要哪些元件？请根据学校实际情况将所需要的元器件清单列出来，填写在下面的表格里。

序　号	名　称	符　号	型　号	规　格	数　量
1	三相异步电动机	M	Y112M—4		
2	组合开关	QS			
3	按钮	SB			
4	主电路熔断器	FU_1			
5	控制电路熔断器	FU_2			
6	交流接触器	KM			
7	热过载保护器				
8	制动电阻				
9	时间继电器				
10	端子板				
11	主电路导线				
12	控制电路导线				
13	按钮导线				
14	接地导线				

四、选一选

请选择本任务操作所需的工具和仪表，写出名称和型号。

五、做一做

（1）写出安装本电路的步骤和方法。

（2）按规范的步骤和方法安装本电路。

六、测一测

（1）写出检测本电路的步骤和方法。

（2）按规范的步骤和方法检测本电路。

七、评一评

在下表中对自己或者同学的安装和检测技能评分。

项　目　＼分值及标准	配分	评　分　标　准		扣　　　分
装前检查	5	电器元件漏检或错误	每处扣 1 分	
安装元件	15	（1）不按布置图安装 （2）元件安装不牢固 （3）元件安装不整齐、不对称、不合理 （4）损坏元件	扣 15 分 每处扣 4 分 每只扣 3 分 扣 15 分	
布线	40	（1）不按电路图接线 （2）布线不符合要求 　　主电路 　　控制电路 （3）接点不符合要求 （4）损坏导线绝缘或线芯 （5）漏接接地线	扣 25 分 每处扣 4 分 每处扣 2 分 每处扣 1 分 每根扣 5 分 扣 10 分	
通电试车	40	（1）第 1 次试车不成功 （2）第 2 次试车不成功 （3）第 3 次试车不成功	扣 20 分 扣 30 分 扣 40 分	
安全文明操作		违反安全文明操作规程（视实际情况扣分）		
额定时间		每超过 5min 扣 5 分		
开始时间		结束时间	实际时间	成绩

【练习与评价】

一、练一练

（1）请叙述电动机制动控制电路的工作原理。

（2）若电路中 5 号线断线，会出现什么现象？

二、评一评

请反思在本任务进程中你的收获和疑惑，写出你的体会和评价。

任务总结与评价表

内　　容		收　　获	疑　　惑
获得知识			
掌握方法			
习得技能			
学习体会			
学习评价	自我评价		
	同学互评		
	老师寄语		

维修电工

【任务资讯】

1. 三相异步电动机制动控制

三相异步电动机切断电源后，由于惯性总要经过一段时间才能完全停止。为缩短时间，提高生产效率和加工精度，要求生产机械能迅速准确地停车。采取一定措施使三相异步电动机在切断电源后迅速准确地停车的过程，称为三相异步电动机制动。三相异步电动机的制动方法分为机械制动和电气制动两大类。

在切断电源后，利用机械装置使三相异步电动机迅速准确地停车的制动方法称为机械制动，应用较普遍的机械制动装置有电磁抱闸和电磁离合器两种。在切断电源后，产生一个和电动机实际旋转方向相反的电磁力矩（制动力矩），使三相异步电动机迅速准确地停车的制动方法称为电气制动。常用的电气制动方法有反接制动和能耗制动等。常用的三相异步电动机制动控制电路有反接制动和能耗制动两种控制电路。

2. 反接制动控制电路的基本原理

反接制动控制电路是将运动中的电动机电源反接（即将任意两根相线接法对调），以改变电动机定子绕组的电源相序，定子绕组产生反向旋转磁场，从而使转子受到与原旋转方向相反的力矩而迅速停转。反接制动控制电路的基本原理如图 4-8-1 所示。

图 4-8-1 中要使正以 n_2 方向旋转的电动机迅速停转，可先断开正转接法的电源开关 QS，使电动机与三相电源脱离，转子由于惯性仍按原方向旋转，然后将 QS 投向反接制动侧，这时由于 U、V 两相电源线对调了，产生的旋转磁场 Φ 方向与先前的磁场方向相反。因此，在电动机转子中产生了与运转方向相反的电磁转矩，即制动转矩。依靠这个转矩，使电动机转速迅速下降而实现制动。

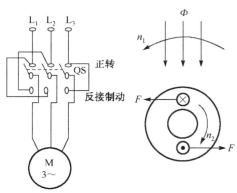

图 4-8-1　反接制动控制电路原理图

在这个制动过程中，当制动到转子转速接近零时，若不及时切断电源，则电动机将会反向启动。为此，必须在反接制动中，采取一定的措施，保证当电动机的转速被制动到接近零时切断电源，防止反向启动。在一般的反接制动控制电路中常用速度继电器来控制转速，以实现自动控制。

3. 电气控制原理

常用的单向反接制动控制电路如图 4-8-2 所示。图中，KM_1 为正转运行接触器，KM_2 为反接制动接触器，速度继电器 KS 与电动机 M 用虚线相连表示同轴。主电路和正反转控制主电路基本相同，只是在 KM_2 的主触点支路中串联了 3 只限流电阻 R。

单向反接制动电路的操作过程和工作原理如下。

先合上电源开关 QS。

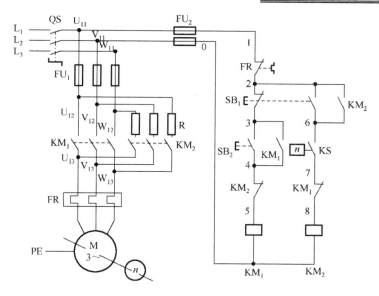

图 4-8-2　单向反接制动控制电路图

1）单向启动

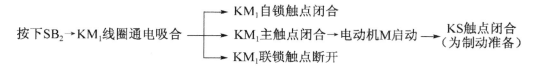

按下SB₂→KM₁线圈通电吸合 ──→ KM₁自锁触点闭合
　　　　　　　　　　　　　 ──→ KM₁主触点闭合→电动机M启动 ──→ KS触点闭合（为制动准备）
　　　　　　　　　　　　　 ──→ KM₁联锁触点断开

2）反接制动

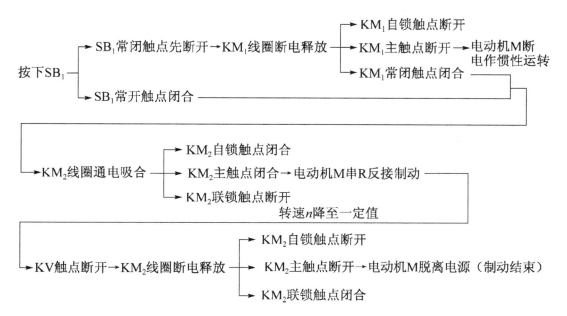

4．能耗制动控制电路原理

能耗制动控制电路是在三相异步电动机脱离三相交流电源后，在定子绕组上加一个直流

电源,使定子绕组产生一个静止的磁场,当电动机在惯性作用下继续旋转时会产生感应电流,该感应电流与静止磁场相互作用产生一个与电动机旋转方向相反的电磁转矩(制动转矩),使电动机迅速停转。能耗制动控制电路原理图如图 4-8-3 所示。

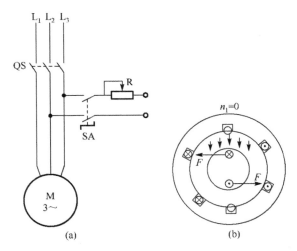

图 4-8-3　能耗制动控制电路原理图

制动时,先断开电源开关 QS,电动机脱离三相交流电源,转子由于惯性仍按原方向旋转。这时,立即合上 SA,电动机接到直流电源上,使定子绕组产生一个静止磁场,转动的转子绕组便切割磁力线产生感应电流。图 4-8-3(a)所示的磁场和转动方向,由右手定则可知转子电流的方向上面为 $\otimes$,下面为 $\odot$。这一感应电流与静止磁场相互作用,由左手定则确定这个作用力 F 的方向如图 4-8-3 中的箭头所示。由此可知:作用力 F 在电动机转轴上形成的转矩与转子的转动方向相反,是一个制动转矩,使电动机迅速停止运转。这种制动方法,实质上是将转子原来"储存"的机械能转换成为电能,又消耗在转子的绕组上,所以称为能耗制动。

能耗制动时制动转矩的大小,由通入定子绕组的直流电流大小决定。电流越大,静止磁场越强,产生的制动转矩就越大。直流电流大小可通过调节 R 的阻值进行调节,但通入的直流电流不宜过大,一般为异步电动机空载电流的 3~5 倍,否则会烧坏定子绕组。

直流电源可用半波整流、全波整流等不同电路获得。控制方式有时间继电器控制和速度继电器控制等。

5. 能耗制动控制电路

常用的时间继电器控制全波整流能耗制动控制电路如图 4-8-4 所示。

主电路由两部分组成:由三相电源 U-V-W,电源开关 QS,熔断器 FU_1,接触器主触点 KM_1,热继电器 FR 及电动机 M 组成电动机的运行控制部分;由控制变压器 TC、熔断器 FU_5、FU_2、FU_3,桥式整流器 VC,接触器主触点 KM_2,可变电阻 RP 和电动机 M 组成电动机的能耗制动控制部分。

辅助电路由控制变压器 TC 的二次侧提供电源,通过熔断器 FU_4、热继电器常闭触点 FR 进行保护。

请大家分析以上电路的操作过程和工作原理，并在控制板上安装。

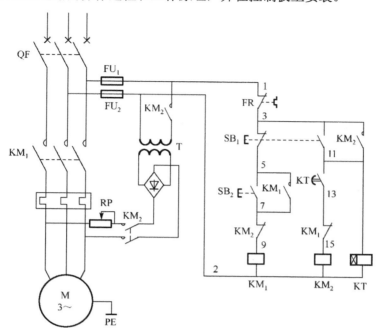

图 4-8-4　时间继电器控制全波整流能耗制动控制电路

项目检测

一、填空题

（1）各种电动机中应用最广的是＿＿＿＿＿＿＿电动机。

（2）电动机按转子的结构分类，可分为＿＿＿＿＿＿感应电动机和＿＿＿＿＿＿感应电动机。

（3）电动机的型号中 YR 为＿＿＿＿＿＿异步电动机。

（4）电动机运行时需注意使其负载的特性与＿＿＿＿＿＿相匹配，避免出现飞车或停转。

（5）三相发电机的三个绕组连接方式有两种，分别是＿＿＿＿＿接法和＿＿＿＿＿接法。

（6）F 级绝缘的电动机最高允许温度为＿＿＿＿＿＿，B 级绝缘的电动机最高允许温度为＿＿＿＿＿＿。

二、简答分析题

（1）某电动机型号为 Y—135L—4，试说明其含义。

（2）试简要说明接触器、时间继电器的主要作用。

（3）正反转控制电路中如果没有接触器联锁会有什么弊端，试简要说明。

三、实践题

（1）电动机在运行中避免烧毁，除了运行前采取必要的各种技术保护措施外，具体需要进行哪些正确的技术维护？

（2）如图接触器联锁的正反转控制线路，试分析电路原理（作为装接线路参考图）。

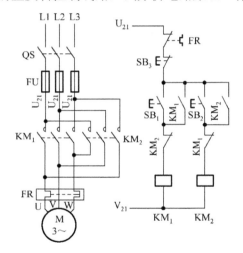

项目五

机床电气控制电路

项目目标

通过本项目的学习，应达到以下学习目标：

（1）能说出典型机床的基本结构。

（2）会识读典型机床控制系统的电路原理图。

（3）能分析典型机床的电气控制电路。

（4）能检查与排除典型机床电气控制电路的故障。

项目内容

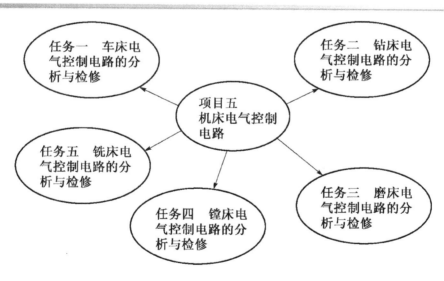

项目进程

 任务一 车床电气控制电路的分析和检修

【任务情境】

祝宗雪同学家的机械加工厂在这几个月订单特别多，生产任务很紧。某天，操作工报告：厂里有一台车床突然坏了，按下启动按钮，主轴会旋转，可是一松开启动按钮，主轴便停止旋转了。不巧，厂里的电工正好出去培训，小祝的爸爸急得团团转。

小祝知道后，主动请缨，对爸爸说："让我来试一试，这种情况的解决办法我曾在电工实训课上学过。"说完，他便找来几个同学到生产现场动手操作起来。

【任务描述】

了解车床的基本结构；识读车床控制系统的电路原理图；分析车床的电气控制电路的工作原理；检查与排除车床控制电路的故障。

【计划与实施】

一、写一写

C650—2 型卧式车床型号的含义。

二、做一做

C650—2 型卧式车床的基本操作。

三、找一找

从 C650—2 型卧式车床的电气原理图中，找一找主电路和控制电路。

四、说一说

（1）C650—2 型卧式车床主电路的工作原理。

（2）C650—2 型卧式车床控制电路的工作原理。

五、选一选

请选择车床检修所需的工具和仪表，写出名称和型号。

六、测一测

C650—2 型卧式车床常见电气故障的诊断与检修。

（1）C650—2 型卧式车床主电路故障的检修。

故 障 现 象	检修方法和过程	故 障 原 因

（2）C650—2型卧式车床控制电路故障的检修。

故　障　现　象	检修方法和过程	故　障　原　因

【练习与评价】

一、练一练

在主电路或控制电路中设置1～2处故障，请同学们用万用表测试，分析并排除故障。

二、评一评

请反思在本任务进程中你的收获和疑惑，写出你的体会和评价。

任务总结与评价表

内　　容		收　　获	疑　　惑
获得知识			
掌握方法			
习得技能			
学习体会			
学习评价	自我评价		
	同学互评		
	老师寄语		

【任务资讯】

卧式车床是机械加工中广泛使用的一种机床，可以用来加工各种回转表面、螺纹和端面。

卧式车床通常由一台主电动机拖动，经由机械传动链，实现切削主运动和刀具进给运动的输出，其运动速度由变速齿轮箱通过手柄操作进行切换。刀具的快速移动、冷却泵和液压泵等，常采用单独电动机驱动。不同型号的卧式车床，其主电动机的工作要求不同，因而由不同的控制电路构成。卧式车床运动变速是由机械系统完成的，且机床运动形式比较简单，相应的控制电路也比较简单。

C650—2型卧式车床型号的含义如下：

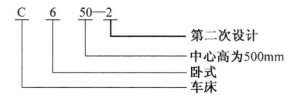

一、车床结构及运动形式

C650—2 型卧式车床属于中型车床，其结构示意图如图 5-1-1 所示，图 5-1-2 所示为车床的加工示意图。

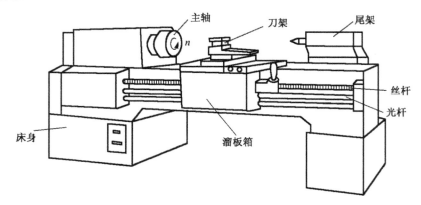

图 5-1-1　C650—2 型卧式车床结构示意图

车床加工时，安装在床身上主轴箱中的主轴转动，带动夹在其端头的工件转动；刀具安装在刀架上，与滑板一起随溜板箱沿主轴轴线方向实现进给移动。

车床的主运动为主轴通过卡盘带动工件的旋转运动；进给运动是溜板带动刀架的纵向和横向直线运动，其中纵向运动是指相对操作者向左或向右的运动，横向运动是指相对于操作者向前或向后的运动；辅助运动包括刀架的快速移动、工件的夹紧与松开等。

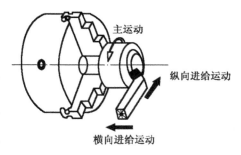

图 5-1-2　车床的加工示意图

二、电力拖动及控制要求

（1）正常加工时一般不需要反转，但加工螺纹时需反转退刀，且工件旋转速度与刀具的进给速度要保持严格的比例关系，所以主轴的转动和溜板箱的移动由同一台电动机拖动。主电动机 M_1（功率为 20kW）采用直接启动的方式，可正、反两个方向旋转，为加工调整方便，还具有点动功能。由于加工的工件比较大，加工时其转动惯性也比较大，需停车时不易立即停止转动，必须有停车制动的功能，C650—2 型卧式车床的正反向停车采用速度继电器控制的电源反接制动。

（2）电动机 M_2 拖动冷却泵。车削加工时，刀具与工件的温度较高，需设一冷却泵电动机，实现刀具与工件的冷却。冷却泵电动机 M_2 单向旋转，采用直接启停方式，且与主电动机有必要的联锁保护。

（3）快速移动电动机 M_3。为减轻工人的劳动强度和节省辅助工作时间，利用 M_3 驱动刀架和溜板箱快速移动。电动机可根据使用需要，随时手动控制启停。

（4）采用电流表检测电动机负载情况。

（5）车削加工时，因被加工的工件材料、性质、形状、大小及工艺要求不同，且刀具种类也不同，所以要求切削速度也不同，这就要求主轴有较大的调速范围。车床大多采用机械方法调速，变换主轴箱外的手柄位置，可以改变主轴的转速。

三、车床电气控制系统分析

C650—2 型卧式车床的电气控制系统电路如图 5-1-3 所示。

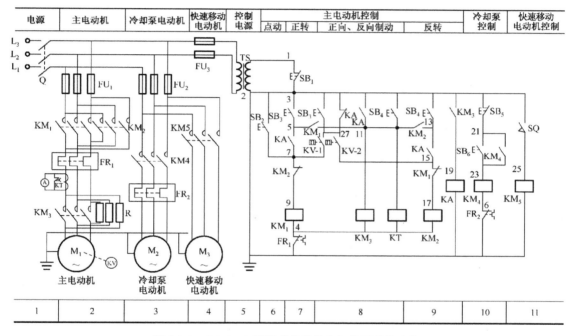

图 5-1-3　C650—2 型卧式车床的电气控制系统电路

1. 主电路分析

图 5-1-3 所示的主电路中有三台电动机，隔离开关 QS 将三相电源引入，电动机 M_1 电路接线分为三部分，第一部分由正转控制交流接触器 KM_1 和反转控制交流接触器 KM_2 的两组主触点构成电动机的正反转接线；第二部分为电流表 A 经电流互感器 TA 接在主电动机 M_1 的动力回路上，以监视电动机绕组工作时的电流变化，为防止电流表被启动电流冲击损坏，利用时间继电器的延时动断触点，在启动的短时间内将电流表暂时短接；第三部分为串联电阻限流控制部分，交流接触器 KM_3 的主触点控制限流电阻 R 的接入和撤除，在进行点动调整时，为防止连续的启动电流造成电动机过载，串入限流电阻 R，保证电路设备正常工作。速度继电器 KV 的速度检测部分与电动机的主轴同轴相联，在停车制动过程中，当主电动机转速接近零时，其动合触点可将控制电路中反接制动电路切断，完成停车制动。

电动机 M_2 由交流接触器 KM_4 的主触点控制其电源的接通与断开；电动机 M_3 由交流接触器 KM_5 控制。

为保证主电路的正常运行，主电路采用熔断器实现短路保护，采用热继电器对电动机进行过载保护。

2.控制电路分析

1）主电动机 M_1 的点动调整控制

调整车床时，要求主电动机点动控制。电路中 KM_1 为电动机 M_1 的正转接触器；KM_2 为反转接触器；KA 为中间继电器。工作过程为：按下 SB_2→KM_1 线圈通电→主触点闭合，电动机经限流电阻接通电源，在低速下启动。松开 SB_2→KM_1 断电，电动机断开电源，停车。

2）主电动机 M_1 的正、反转控制

（1）正转。

按下启动按钮 SB_3→KM_3 和 KT 线圈通电→KM_3 主触点动作使电阻被短接，KM_3 动合辅助触点闭合使 KA 通电→KA 动合辅助触点（5—7）闭合使接触器 KM_1 通电，电动机在全压下启动。KM_1 辅助动合触点（5—11）闭合、KA 的动合触点（3—11、5—7）闭合使 KM_1 自锁。

（2）反转。

启动按钮为 SB_4，控制过程与正转类似。KM_1 和 KM_2 的动断辅助触点分别串在对方接触器线圈的回路中，起正反转的互锁作用。

3）主电动机 M_1 的反接制动控制

C650—2 型卧式车床采用速度继电器实现主电动机停车的反接制动。下面以正转为例分析反接制动的过程。

设主电动机原为正转运行，停车时按下停止按钮 SB_1→接触器 KM_3 断电→KM_3 主触点断开，限流电阻 R 串入主回路→KA 触点（3—11、5—7）断开→KM_1 断电，电动机断开正相序电源→KA 动断触点（3—27）闭合，由于此时电动机转速较高，KV—2 为闭合状态，故 KM_2 通电，实现对电动机的电源反接制动→当电动机转速接近零时，KV—2 动合触点断开，KM_2 断电，电动机断开电源，制动结束。

电动机反转时的制动与正转时的制动相似。

4）刀架的快速移动与冷却泵控制

转动刀架快速移动手柄→压动限位开关 SQ→接触器 KM_5 通电，KM_5 主触点闭合，M_3 接通电源启动。

M_2 为冷却泵电动机，它的启动和停止通过按钮 SB_5 和 SB_6 来控制。

5）其他辅助环节

监视主回路负载的电流表通过电流互感器接入。为防止电动机启动、点动和制动电流对电流表的冲击，电流表与时间继电器的延时动断触点并联。主电动机启动时，KT 线圈通电，KT 的延时动断触点未动作，电流表被短接。主电动机启动后，KT 延时动断触点断开，此时电流表接入互感器的二次回路，对主回路的电流进行监视。

控制电路的电源通过控制变压器 TS 供电，保证安全。此外，为便于工作，设置了工作照明灯。照明灯的电压为安全电压 36V（图 5-1-3 中未画出）。

四、C650—2 型卧式车床常见电气故障的诊断与检修

1．主轴电动机不能启动

（1）主电路熔断器 FU_1 和控制电路熔断器 FU_3 熔体熔断，应更换。

（2）热继电器 FR_1 已动作过，动断触点未复位。要判断故障所在位置，还要查明引起热继电器动作的原因，并排除故障。可能的故障原因包括长期过载；继电器的整定电流太小；热继电器选择不当。找到原因排除故障后，将热继电器复位即可。

（3）控制电路接触器线圈松动或烧坏，接触器的主触点及辅助触点接触不良，应修复或更换接触器。

（4）启动按钮或停止按钮内的触点接触不良，应修复或更换按钮。

（5）各连接导线虚接或断线，应检查并修复。

（6）主电动机损坏，应修复或更换。

2．主轴电动机断相运行

按下启动按钮，电动机发出"嗡嗡"声，不能正常启动，这是电动机断相造成的，此时应立即切断电源，否则会烧坏电动机。可能的原因如下：

（1）电源断相。

（2）熔断器有一相熔体熔断，应更换。

（3）接触器有一对主触点接触不良，应修复。

3．主轴电动机启动后不能自锁

该故障原因是控制电路中自锁触点接触不良或自锁电路接线松开，修复即可。

4．按下停止按钮后主轴电动机不停止

（1）接触器主触点熔焊，应修复或更换接触器。

（2）停止按钮动断触点被卡住，不能断开，应更换停止按钮。

5．冷却泵电动机不能启动

（1）按钮 SB_6 触点不能闭合，应更换。

（2）熔断器 FU_2 熔体熔断，应更换。

（3）热继电器 FR_2 已动作过，未复位。

（4）接触器 KM_4 线圈或触点已损坏，应修复或更换。

（5）冷却泵电动机已损坏，应修复或更换。

6．快速移动电动机不能启动

（1）行程开关 SQ 已损坏，应修复或更换。

（2）接触器 KM_5 线圈或触点已损坏，应修复或更换。

（3）快速移动电动机已损坏，应修复或更换。

任务二　钻床电气控制电路的分析和检修

【任务情境】

祝宗雪和同学们排除了车床的故障，车床又工作起来了。此时，他们充满着自豪和信心，对祝爸爸说："还有什么需要我们修理吗？"祝爸爸非常高兴，指着车间角落一台钻床说："你们能把它修好吗？"

修理钻床需要哪些知识和技能？祝宗雪和同学们能修好吗？

【任务描述】

了解出钻床的基本结构；识读钻床控制系统的电路原理图；分析钻床的电气控制电路工作原理；检查与排除钻床控制电路的故障。

【计划与实施】

一、写一写

Z3050 型摇臂钻床型号的含义。

二、做一做

Z3050 型摇臂钻床的基本操作。

三、找一找

从 Z3050 型摇臂钻床的电气原理图中，找一找主电路和控制电路。

四、说一说

（1）Z3050 型摇臂钻床主电路的工作原理。

（2）Z3050 型摇臂钻床控制电路的工作原理。

五、选一选

请选择钻床检修所需的工具和仪表，写出名称和型号。

六、测一测

（1）Z3050 型摇臂钻床主电路故障的检修。

故　障　现　象	检修方法和过程	故　障　原　因

（2）Z3050 型摇臂钻床控制电路故障的检修。

故　障　现　象	检修方法和过程	故　障　原　因

【练习与评价】

一、练一练

在主电路或控制电路中设置 1～2 处故障，请同学们用万用表测试，分析并排除故障。

二、评一评

请反思在本任务进程中你的收获和疑惑，写出你的体会和评价。

任务总结与评价表

内　　容		收　　获	疑　　惑
获得知识			
掌握方法			
习得技能			
学习体会			
学习评价	自我评价		
	同学互评		
	老师寄语		

【任务资讯】

钻床是一种用途广泛的孔加工机床。它主要是用钻头钻削精度要求不太高的孔，另外还可用来扩孔、铰孔、镗孔，以及刮平面、攻螺纹等。

钻床的结构形式很多，有立式钻床、卧式钻床、深孔钻床及多轴钻床等。摇臂钻床是一种立式钻床，它适用于单件或批量生产中带有多孔的大型零件的孔加工。本任务以 Z3050 型摇臂钻床为例进行分析。

Z3050 型摇臂钻床型号的含义如下：

```
Z   3   0   50
                  最大钻孔直径为50mm
                  摇臂钻床型
                  摇臂钻床组
                  钻床
```

一、主要结构及运动形式

图 5-2-1 是 Z3050 型摇臂钻床的结构示意图。Z3050 型摇臂钻床主要由底座、内立柱、外立柱、摇臂、主轴箱、工作台等组成。内立柱固定在底座上，在它外面套着空心的外立柱，外立柱可绕着内立柱回转一周，摇臂一端的套筒部分与外立柱滑动配合，摇臂借助丝杆可沿着外立柱上下移动，但两者不能做相对转动，所以摇臂将与外立柱一起相对内立柱回转。主轴箱是一个复合的部件，它具有主轴及主轴旋转部件，以及主轴进给的全部变速和操纵机构。主轴箱可沿着摇臂上的水平导轨做径向移动。当进行加工时，可利用特殊的夹紧机构将外立柱紧固在内立柱上，摇臂紧固在外立柱上，主轴箱紧固在摇臂导轨上，然后进行钻削加工。

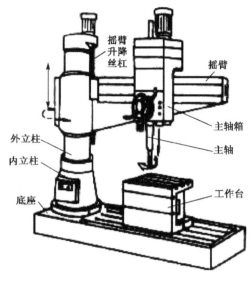

图 5-2-1　Z3050 型摇臂钻床的结构示意图

钻削加工时，主运动为主轴的旋转运动；进给运动为主轴的垂直移动；辅助运动为摇臂在外立柱上的升降运动、摇臂与外立柱一起沿内立柱的转动及主轴箱在摇臂上的水平移动。

二、摇臂钻床的电力拖动及控制要求

（1）由于摇臂钻床的运动部件较多，为简化传动装置，需使用多台电动机拖动，主轴电动机承担主钻削及进给任务，摇臂升降、夹紧放松和冷却泵各用一台电动机拖动。

（2）为了适应多种加工方式的要求，主轴变速机构及进给变速机构应在较大范围内调速。但这些调速都是机械调速，用手柄操作变速箱调速，对电动机无任何调速要求。主轴变速机构与进给变速机构在一个变速箱内，由主轴电动机拖动。

（3）加工螺纹时要求主轴能正反转。摇臂钻床的正反转一般用机械方法实现，电动机只需单方向旋转。

（4）摇臂升降由单独的一台电动机控制，要求能实现正反转。

（5）摇臂的夹紧与放松以及立柱的夹紧与放松由一台异步电动机配合液压装置来完成，要求这台电动机能正反转。在中小型摇臂钻床上摇臂的回转和主轴箱的径向移动都采用手动方式实现。

（6）钻削加工时，为对刀具及工件进行冷却，需要一台冷却泵电动机拖动冷却泵输送冷却液。

（7）各部分电路之间有必要的保护和联锁。

三、电气控制电路分析

图 5-2-2 是 Z3050 型摇臂钻床的电气控制电路的主电路和控制电路图。

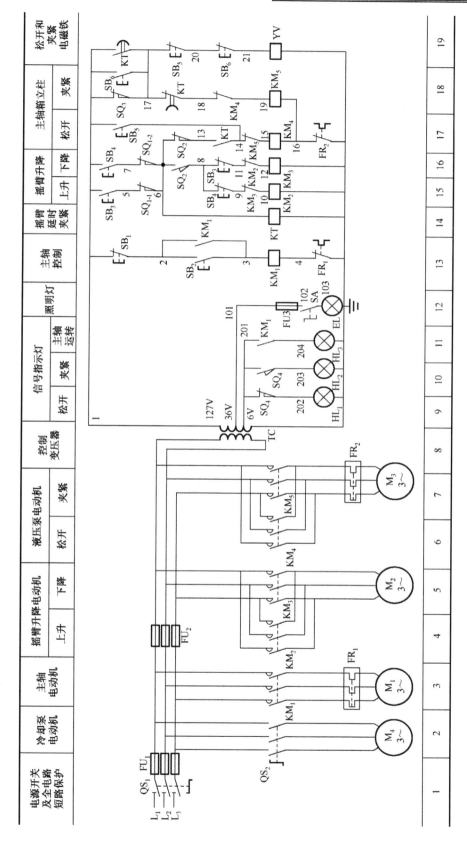

图 5-2-2　Z3050 型摇臂钻床的电气控制电路的主电路和控制电路图

1．主电路分析

Z3050 型摇臂钻床共有四台电动机，除冷却泵电动机采用开关直接启动外，其余三台异步电动机均采用接触器直接启动。

M_1 是主轴电动机，由交流接触器 KM_1 控制，只要求单向旋转，主轴的正反转由机械手柄操作。M_1 装在主轴箱顶部，带动主轴及进给传动系统，热继电器 FR_1 是过载保护元件。

M_2 是摇臂升降电动机，装于主轴顶部，用接触器 KM_2 和 KM_3 控制正反转。因为该电动机短时间工作，故不设过载保护电器。

M_3 是液压油泵电动机，可以做正向旋转和反向旋转。正向旋转和反向旋转的启动与停止由接触器 KM_4 和 KM_5 控制。热继电器 FR_2 是液压油泵电动机的过载保护电器。该电动机的主要作用是供给夹紧装置压力油，实现摇臂和立柱的夹紧与松开。

M_4 是冷却泵电动机，功率很小，通过开关直接启动和停止。

2．控制电路分析

1）主轴电动机 M_1 的控制

按启动按钮 SB_2，则接触器 KM_1 吸合并自锁，使主轴电动机 M_1 启动运行，同时指示灯 HL_3 亮。按停止按钮 SB_1，则接触器 KM_1 释放，使主轴电动机 M_1 停止旋转，同时指示灯 HL_3 熄灭。

2）摇臂升降控制

（1）摇臂上升。

Z3050 型摇臂钻床摇臂的升降由 M_2 控制，SB_3 和 SB_4 分别为摇臂升、降的点动按钮（装在主轴箱的面板上，其安装位置如图 5-2-1 所示），由 SB_3、SB_4 和 KM_2、KM_3 组成具有双重互锁的 M_2 正反转点动控制电路。因为摇臂平时是夹紧在外立柱上的，所以在摇臂升降之前，先要把摇臂松开，再由 M_2 驱动升降；摇臂升降到位后，再重新将它夹紧。而摇臂的松、紧是由液压系统完成的。在电磁阀 YV 线圈通电吸合的条件下，液压泵电动机 M_3 正转，正向供出压力油进入摇臂的松开油腔，推动松开机构使摇臂松开，摇臂松开后，行程开关 SQ_2 动作、SQ_3 复位；若 M_3 反转，则反向供出压力油进入摇臂的夹紧油腔，推动夹紧机构使摇臂夹紧，摇臂夹紧后，行程开关 SQ_3 动作、SQ_2 复位。由此可见，摇臂升降的电气控制是与松紧机构液压机械系统（M_3 与 YV）的控制配合进行的。

下面以摇臂的上升为例，分析控制的全过程。

按住摇臂上升按钮 SB_3→SB_3 动断触点断开，切断 KM_3 线圈支路；SB_3 动合触点（1—5）闭合→时间继电器 KT 线圈通电→KT 动合触点（13—14）闭合，KM_4 线圈通电，M_3 正转；KT 延时动合触点（1—17）闭合，电磁阀线圈 YV 通电，摇臂松开→行程开关 SQ_2 动作→SQ_2 动断触点（6—13）断开，KM_4 线圈断电，M_3 停转；SQ_2 动合触点（6—8）闭合，KM_2 线圈通电，M_2 正转，摇臂上升→摇臂上升到位后松开 SB_3→KM_2 线圈断电，M_2 停转；KT 线圈断电→延时 1～3s，KT 动合触点（1—17）断开，YV 线圈通过 SQ_3（1—17）→仍然通电；KT 动断触点（17—18）闭合，KM_5 线圈通电，M_3 反转，摇臂夹紧→摇臂夹紧后，压下行程开关 SQ_3，SQ_3 动断触点（1—17）断开，YV 线圈断电；KM_5 线圈断电，M_3 停转。

摇臂的下降由 SB_4 控制 KM_3→M_2 反转来实现，其过程可自行分析。时间继电器 KT 的作用是在摇臂升降到位、M_2 停转后，延时 $1\sim3s$ 再启动 M_3 将摇臂夹紧，其延时时间视从 M_2 停转到摇臂静止的时间长短而定。KT 为断电延时继电器，在进行电路分析时应注意。

如上所述，摇臂松开由行程开关 SQ_2 发出信号，而摇臂夹紧后由行程开关 SQ_3 发出信号。如果夹紧机构的液压系统出现故障，摇臂夹不紧，或者因 SQ_3 的位置安装不当，在摇臂已夹紧后 SQ_3 仍不能动作，则 SQ_3 的动断触点（1—17）长时间不能断开，使液压泵电动机 M_3 出现长期过载，因此 M_3 必须由热继电器 FR_2 进行过载保护。

摇臂升降的限位保护由行程开关 SQ_1 实现，SQ_1 有两对动断触点：SQ_{1-1}（或 SQ_{5-6}）实现上限位保护，SQ_{1-2}（或 SQ_{7-6}）实现下限位保护。

（2）主轴箱和立柱松、紧的控制。

主轴箱和立柱松、紧的控制是同时进行的，SB_5 和 SB_6 分别为松开与夹紧控制按钮，由它们点动控制 KM_4、KM_5，进而控制 M_3 的正、反转，由于 SB_5、SB_6 的动断触点（17—20—21）串联在 YV 线圈支路中。所以在操作 SB_5、SB_6 使 M_3 点动作的过程中，电磁阀 YV 线圈不吸合，液压泵供出的压力油进入主轴箱和立柱的松开、夹紧油腔，推动松、紧机构实现主轴箱和立柱的松开、夹紧。同时由行程开关 SQ_4 控制指示灯发出信号：主轴箱和立柱夹紧时，SQ_4 的动断触点（201—202）断开，而 SQ_4 的动合触点（201—203）闭合，指示灯 HL_1 灭，HL_2 亮；反之，在松开时 SQ_4 复位，HL_1 亮而 HL_2 灭。

3．辅助电路

辅助电路包括照明和信号指示电路。照明电路的工作电压为安全电压 36V，信号指示灯的工作电压为 6V，均由控制变压器 TC 提供。

四、Z3050 型摇臂钻床常见电气故障的诊断与检修

Z3050 型摇臂钻床控制电路的独特之处，在于其摇臂升降，以及摇臂、立柱和主轴箱松开与夹紧的电路部分，下面主要分析这部分电路的常见故障。

1．摇臂不能松开

摇臂作升降运动的前提是摇臂必须完全松开。摇臂、主轴箱和立柱的松紧都是通过液压泵电动机 M_3 的正反转来实现的，因此先检查一下主轴箱和立柱的松、紧是否正常。如果正常，则说明故障不在两者的公共电路中，而在摇臂松开的专用电路上。此时，应检查时间继电器 KT 的线圈有无断线，其动合触点（1—17）、（13—14）在闭合时是否接触良好，限位开关触点 SQ_{1-1}（或 SQ_{5-6}）、SQ_{1-2}（或 SQ_{7-6}）有无接触不良，等等。

如果主轴箱和立柱的松开也不正常，则故障多发生在接触器 KM_4 和液压泵电动机 M_3 这部分电路上，如 KM_4 线圈断线、主触点接触不良，KM_5 的动断互锁触点（14—15）接触不良等。如果是 M_3 或 FR_2 出现故障，则摇臂、立柱和主轴箱既不能松开，也不能夹紧。

2．摇臂不能升降

除上述摇臂不能松开的原因之外，可能的原因还有：

（1）行程开关 SQ_2 的动作不正常，这是导致摇臂不能升降最常见的原因。如 SQ_2 的安装位置移动，使得摇臂松开后，SQ_2 不能动作，或者是液压系统的故障导致摇臂放松不够，SQ_2 也不会动作，摇臂就无法升降。SQ_2 的位置应结合机械、液压系统进行调整，然后紧固。

（2）摇臂升降电动机 M_2，控制其正反转的接触器 KM_2、KM_3，以及相关电路发生故障，也会造成摇臂不能升降。在排除了其他故障之后，应对此进行检查。

（3）如果摇臂是上升正常而不能下降，或是下降正常而不能上升，则应单独检查相关的电路及电器部件，如按钮开关、接触器、限位开关的有关触点等。

3. 摇臂上升或下降到极限位置时，限位保护失灵

检查限位保护开关 SQ_1，通常是 SQ_1 损坏或是其安装位置移动。

4. 摇臂升降到位后夹不紧

如果摇臂升降到位后夹不紧（而不是不能夹紧），通常是行程开关 SQ_3 的故障造成的。若 SQ_3 移位或安装位置不当，使 SQ_3 在夹紧动作未完全结束就提前吸合，M_3 提前停转，从而造成摇臂升降到位后夹不紧。

5. 摇臂的松紧动作正常，但主轴箱和立柱的松、紧动作不正常

（1）检查控制按钮 SB_5、SB_6 的触点有无接触不良，或接线松动。
（2）液压系统出现故障。

任务三　磨床电气控制电路的分析和检修

【任务情境】

祝爸爸的机械加工厂虽小，但设备很齐全。周末，祝宗雪同学又到厂里帮忙，他发现了图 5-3-1 所示的机床。这是什么机床？小祝同学准备一探究竟，研究一下这台机床的电气控制电路，以备不时之需。

图 5-3-1　机床

【任务描述】

了解出磨床的基本结构；识读磨床控制系统的电路原理图；分析磨床的电气控制电路的工作原理；检查与排除磨床控制电路的故障。

【计划与实施】

一、写一写

M7130 型卧轴矩台平面磨床型号的含义。

二、做一做

M7130 型卧轴矩台平面磨床的基本操作。

三、找一找

从 M7130 型卧轴矩台平面磨床的电气原理图中，找一找主电路和控制电路。

四、说一说

（1）M7130 型卧轴矩台平面磨床主电路的工作原理。

（2）M7130 型卧轴矩台平面磨床控制电路的工作原理。

五、选一选

请选择磨床检修所需的工具和仪表，写出名称和型号。

六、测一测

（1）M7130 型卧轴矩台平面磨床主电路故障的检修。

故 障 现 象	检修方法和过程	故 障 原 因

（2）M7130 型卧轴矩台平面磨床控制电路故障的检修。

故 障 现 象	检修方法和过程	故 障 原 因

【练习与评价】

一、练一练

在主电路或控制电路中设置 1～2 处故障，请同学们用万用表测试，分析并排除故障。

二、评一评

请反思在本任务进程中你的收获和疑惑，写出你的体会和评价。

任务总结与评价表

内　　容		收　　获	疑　　惑
获得知识			
掌握方法			
习得技能			
学习体会			
学习评价	自我评价		
	同学互评		
	老师寄语		

【任务资讯】

　　磨床是用磨具和磨料（如砂轮、砂带、油石、研磨剂等）对工件的表面进行磨削加工的一种机床，它可以加工各种表面，如平面、内外圆柱面、圆锥面和螺旋面等。通过磨削加工，使工件的形状及表面的精度、光洁度达到预期的要求；同时，它还可以进行切断加工。根据用途和采用的工艺方法不同，磨床可以分为平面磨床、外圆磨床、内圆磨床、工具磨床和各种专用磨床（如螺纹磨床、齿轮磨床、球面磨床、导轨磨床等），其中以平面磨床使用最为广泛。平面磨床又分为卧轴、立轴、矩台和圆台，以及这四种类型的组合，下面以 M7130 型卧轴矩台平面磨床为例介绍磨床的电气控制电路。

　　M7130 型卧轴矩台平面磨床型号的含义如下：

一、平面磨床的主要结构和运动形式

　　M7130 型卧轴矩台平面磨床的主要结构包括床身、立柱、滑座、砂轮箱、工作台和电磁吸盘，如图 5-3-2 所示。磨床的工作台表面有 T 形槽，可以用螺钉和压板将工件直接固定在工作台上，也可以在工作台上装上电磁吸盘，用来吸持铁磁性的工件。平面磨床进行磨削加工的示意图如图 5-3-3 所示，砂轮与砂轮电动机均装在砂轮箱内，砂轮直接由砂轮电动机带动旋转；砂轮箱装在滑座上，而滑座装在立柱上。

　　磨床的主运动是砂轮的旋转运动。进给运动则分为以下三种运动。

　　（1）工作台（带动电磁吸盘和工件）进行的纵向往复运动；

　　（2）砂轮箱沿滑座上的燕尾槽进行的横向进给运动；

　　（3）砂轮箱和滑座一起沿立柱上的导轨进行的垂直进给运动。

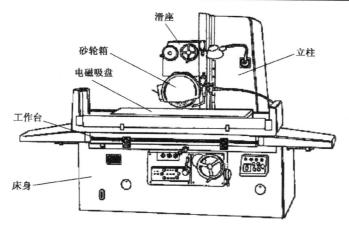

图 5-3-2 M7130 型卧轴矩台平面磨床的结构示意图

二、平面磨床的电力拖动形式和控制要求

M7130 型卧轴矩台平面磨床采用多台电动机拖动，其电力拖动和电气控制、保护的要求如下。

（1）砂轮由一台笼型异步电动机拖动，因为砂轮的转速一般不需要调节，所以对砂轮电动机没有电气调速的要求，也不需要反转，可直接启动。

（2）平面磨床的纵向和横向进给运动一般采用液压传动，所以需要由一台液压泵电动机驱动液压泵，对液压泵电动机也没有电气调速、反转和降压启动的要求。

（3）同车床一样，也需要一台冷却泵电动机提供冷却液，冷却泵电动机与砂轮电动机也具有联锁关系，即要求砂轮电动机启动后才能启动冷却泵电动机。

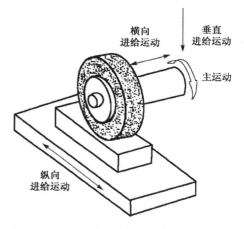

图 5-3-3 平面磨床进行磨削加工的示意图

（4）平面磨床往往采用电磁吸盘来吸持工件。电磁吸盘要有退磁电路；同时，为防止在磨削加工时因电磁吸盘吸力不足而造成工件飞出，还要求有弱磁保护环节。

（5）具有各种常规的电气保护环节（如短路保护和电动机的过载保护）；具有安全的局部照明装置。

三、M7130 型卧轴矩台平面磨床电气控制电路分析

M7130 型卧轴矩台平面磨床的电气控制电路原理图如图 5-3-4 所示。

1. 主电路

三相交流电源由电源开关 QS 引入，FU_1 用于全电路的短路保护。砂轮电动机 M_1 和液压泵电动机 M_3 分别由接触器 KM_1、KM_2 控制，并分别由热继电器 FR_1、FR_2 作过载保护。由于磨床的冷却泵箱是与床身分开安装的，所以冷却泵电动机 M_2 通过插头插座 X_1 接通电源，且在需要提供冷却液时才接通。M_2 受 M_1 启动和停转的控制。由于 M_2 的容量较小，因此不需要过载保护。三台电动机均直接启动，单向运转。

维修电工

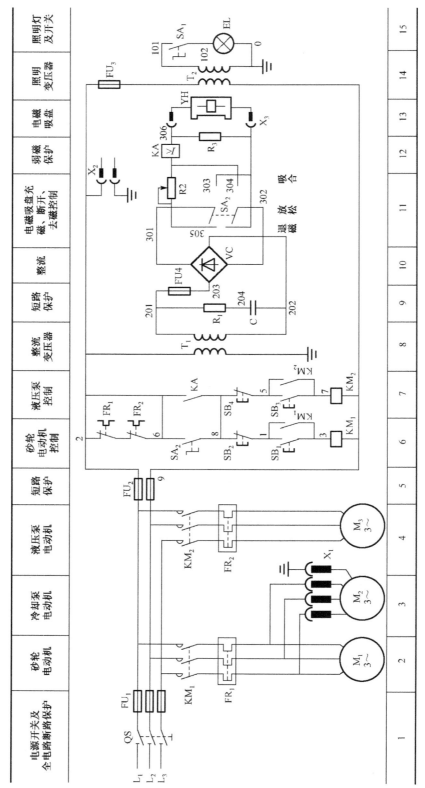

图 5-3-4　M7130 型卧轴矩台平面磨床的电气控制电路原理图

2．控制电路

控制电路采用 380V 电源，由 FU_2 作短路保护。SB_1、SB_2 和 SB_3、SB_4 分别为 M_1 和 M_3 的启动、停止按钮，通过 KM_1、KM_2 控制 M_1 和 M_3 的启动、停止。

3．电磁吸盘电路

电磁吸盘的结构与工作原理示意图如图 5-3-5 所示。其线圈通电后产生电磁吸力，以吸持铁磁性材料的工件，并对其进行磨削加工。与机械夹具相比较，电磁吸盘具有操作简便、不损伤工件的优点，特别适合同时加工多个小工件；采用电磁吸盘的另一优点是工件在磨削时发热能够自由伸缩，不至于变形。电磁吸盘的缺点是不能吸持非铁磁性材料的工件，而且其线圈还必须使用直流电。

如图 5-3-4 所示，变压器 T_1 将 220V 交流电降压至 127V 后,经桥式整流器 VC 变成 110V 直流电压供给电磁吸盘线圈 YH。SA_2 是电磁吸盘的控制开关，待加工时，将 SA_2 扳至右边的"吸合"位置，触点（301—303）、（302—304）接通，电磁吸盘线圈通电，产生电磁吸力将工件牢牢吸持。加工结束后，将 SA_2 扳至中间的"放松"位置，电磁吸盘线圈断电，可将工件取下。如果工件有剩磁难以取下，可将 SA_2 扳至左边的"退磁"位置，触点（301—305）、（302—303）接通，此时线圈通以反向电流产生反向磁场，对工件进行退磁，注意这时要控制退磁的时间，否则工件会因反向充磁而更难取下。R_2 用于调节退磁的电流。采用电磁吸盘的磨床还配有专用的交流退磁器，如图 5-3-6 所示，如果退磁不够彻底，可以使用退磁器退去剩磁，X_2 是退磁器的电源插座。

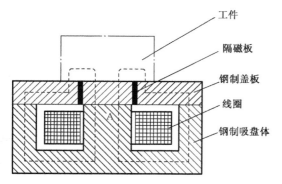

图 5-3-5　电磁吸盘的结构与工作原理示意图

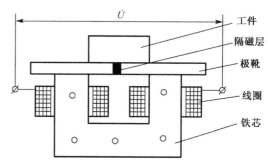

图 5-3-6　交流退磁器的结构原理图

4．电气保护环节

除常规的电路短路保护和电动机的过载保护之外，电磁吸盘电路还专门设有保护环节。

1）电磁吸盘的弱磁保护

采用电磁吸盘来吸持工件有许多好处，但在进行磨削加工时一旦电磁吸力不足，就会造成工件飞出事故。因此在电磁吸盘线圈电路中串入欠电流继电器 KA 的线圈，KA 的动合触点与 SA_2 的一对动合触点并联，串接在控制砂轮电动机 M_1 的接触器 KM_1 线圈支路中，SA_2 的动合触点（6—8）只有在"退磁"挡才接通，而在"吸合"挡是断开的，这就保证了电磁吸盘在吸持工件时必须保证有足够的充磁电流，才能启动砂轮电动机 M_1；在加工过程中一旦

电流不足，欠电流继电器 KA 动作，能够及时地切断 KM_1 线圈电路，使砂轮电动机 M_1 停转，避免事故发生。如果不使用电磁吸盘，可以将其插头从插座 X_3 上拔出，将 SA_2 扳至"退磁"挡，此时 SA_2 的触点（6—8）闭合，不影响对各台电动机的操作。

2）电磁吸盘线圈的过电压保护

电磁吸盘线圈的电感量较大，当 SA_2 在各挡间转换时，线圈会产生很大的自感电动势，使线圈的绝缘和电器的触点损坏。因此在电磁吸盘线圈两端并联电阻器 R_3 作为放电回路。

3）整流器的过电压保护

在整流变压器 T_1 的二次侧并联由 R_1、C 组成的阻容吸收电路，用于吸收交流电路产生的过电压和在直流侧电路通断时产生的浪涌电压，对整流器进行过电压保护。

5. 照明电路

照明变压器 T_2 将 380V 交流电压降至 36V 安全电压供给照明灯 EL，EL 的一端接地，SA_1 为灯开关，由 FU_3 提供照明电路的短路保护。

四、M7130 型卧轴矩台平面磨床常见电气故障的诊断与检修

M7130 型卧轴矩台平面磨床电路与其他机床电路的不同主要是电磁吸盘电路，在此主要分析电磁吸盘电路的故障。

1. 电磁吸盘没有吸力或吸力不足

如果电磁吸盘没有吸力，首先应检查电源，从整流变压器 T_1 的一次侧到二次侧，再检查整流器 VC 输出的直流电压是否正常；检查熔断器 FU_1、FU_2、FU_4；检查 SA_2 的触点、插头插座 X_3 是否接触良好；检查欠电流继电器 KA 的线圈有无断路；一直检查到电磁吸盘线圈 YH 两端有无 110V 直流电压。如果电压正常，电磁吸盘仍无吸力，则需要检查 YH 有无断线。

如果是电磁吸盘的吸力不足，则多半是工作电压低于额定值，如桥式整流电路的某一桥臂出现故障，使全波整流变成半波整流，VC 输出的直流电压下降了一半；也可能是 YH 线圈局部短路，使空载时 VC 输出电压正常，而接上 YH 后电压低于正常值（110V）。

2. 电磁吸盘退磁效果差

电磁吸盘退磁效果差，应检查退磁回路有无断开或元件损坏。如果退磁电路电压过高也会影响退磁效果，应调节 R_2 使退磁电压在 5～10V 之间。此外，还应考虑是否有退磁操作不当的原因，如退磁时间过长等。

3. 控制电路接点（6—8）的故障

平面磨床电路容易产生故障的部分还有控制电路中 SA_2 与 KA 的动合触点并联的部分。如果 SA_2 和 KA 的触点接触不良，使接点（6—8）不能接通，则会造成 M_1 和 M_2 无法正常启动，平时应特别注意检查。

任务四 镗床电气控制电路的分析和检修

【任务情境】

检修机床必须要有该机床的电气控制原理图，因此祝宗雪同学非常注重收集各种机床的电气控制原理图，今天，他看到了如图 5-4-1 所示的图纸，你知道这是什么图吗？

【任务描述】

能说出镗床的基本结构；会识读镗床控制系统的电路原理图；能分析镗床的电气控制电路；能检查与排除镗床控制电路的故障。

【计划与实施】

一、写一写

T68 型卧式镗床型号的含义。

二、做一做

T68 型卧式镗床的基本操作。

三、找一找

从 T68 型卧式镗床的电气原理图中，找一找主电路和控制电路。

四、说一说

（1）T68 型卧式镗床主电路的工作原理。

（2）T68 型卧式镗床控制电路的工作原理。

五、选一选

请选择镗床检修所需的工具和仪表，写出名称和型号。

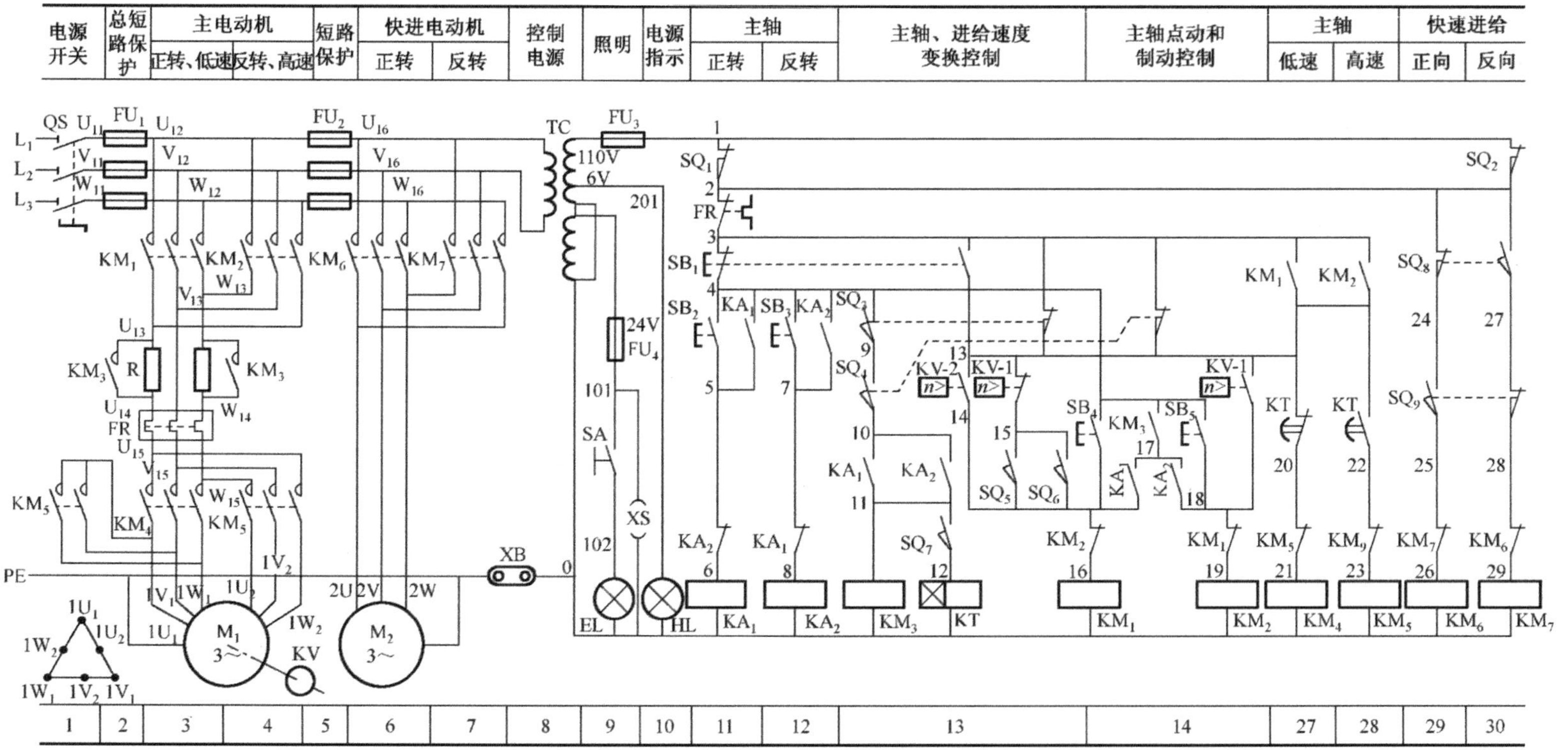

图 5-4-1　电气控制原理图

六、测一测

（1）T68 型卧式镗床主电路故障的检修。

故 障 现 象	检修方法和过程	故 障 原 因

（2）T68 型卧式镗床控制电路故障的检修。

故 障 现 象	检修方法和过程	故 障 原 因

【练习与评价】

一、练一练

在主电路或控制电路中设置 1～2 处故障，请同学们用万用表测试，分析并排除故障。

二、评一评

请反思在本任务进程中你的收获和疑惑，写出你的体会和评价。

任务总结与评价表

内 容		收 获	疑 惑
获得知识			
掌握方法			
习得技能			
学习体会			
学习评价	自我评价		
	同学互评		
	老师寄语		

【任务资讯】

镗床也是用于孔加工的机床，与钻床比较，镗床主要用于加工精确的孔和各孔间的距离要求较精确的零件，如一些箱体零件（机床主轴箱、变速箱等）。镗床的加工形式主要是用镗

刀镗削在工件上已铸出或已粗钻的孔，除此之外，大部分镗床还可以进行铣削、钻孔、扩孔、铰孔等加工。

镗床的主要类型有卧式镗床、坐标镗床、金刚镗床和专用镗床等，其中以卧式镗床应用最广。本节介绍 T68 型卧式镗床的电气控制电路。

T68 型卧式镗床型号的含义如下：

一、卧式镗床的主要结构和运动形式

卧式镗床的结构示意图如图 5-4-2 所示，前立柱固定安装在床身的右端，在它的垂直导轨上装有可上下移动的主轴箱。主轴箱中装有主轴部件、主运动和进给运动的变速传动机构和操纵机构等。在主轴箱的后部固定着后尾筒，里面装有镗轴的轴向进给机构。后立柱固定在床身的左端，装在后立柱垂直导轨上的后支承架用于支承长镗杆的悬伸端（图 5-4-3(b)），后支承架可沿垂直导轨与主轴箱同步升降，后立柱可沿床身的水平导轨左右移动，在不需要时也可以卸下。工件固定在工作台上，工作台部件装在床身的导轨上，由下滑座、上滑座和工作台三部分组成，下滑座可沿床身的水平导轨作纵向移动，上滑座可沿下滑座的导轨作横向移动，工作台则可在上滑座的环形导轨上绕垂直轴线转位，使工件在水平面内调整至一定的角度位置，以便能在一次安装中对互相平行或成一定角度的孔与平面进行加工。根据加工情况不同，刀具可以装在镗轴前端的锥孔中，或装在平旋盘（又称为"花盘"）与径向刀具溜板上。加工时，镗轴旋转完成主运动，并且可以沿其轴线移动作轴向进给运动；平旋盘只能随镗轴旋转做主运动；装在平旋盘导轨上的径向刀具溜板除了随平旋盘一起旋转外，还可以沿着导轨移动做径向进给运动。

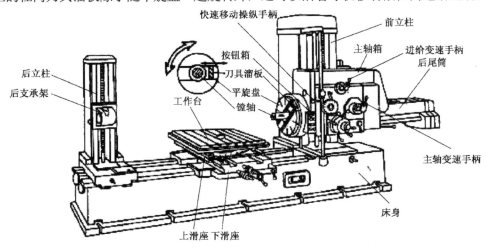

图 5-4-2 卧式镗床的结构示意图

卧式镗床的典型加工方法如图 5-4-3 所示，图 5-4-3(a)为用装在镗轴上的悬伸刀杆镗孔，由镗轴的轴向移动进行纵向进给；图 5-4-3(b)为利用后支承架支承的长刀杆镗削同一轴线上的前后两孔，图 5-4-3(c)为用装在平旋盘上的悬伸刀杆镗削较大直径的孔，两者均由工作台的移动进行纵向进给；图 5-4-3(d)为用装在镗轴上的端铣刀铣削平面，由主轴箱完成垂直进给运动；图 5-4-3(e)和图 5-4-3(f)为用装在平旋盘刀具溜板上的车刀车削内沟槽和端面，均由刀具溜板移动进行径向进给。

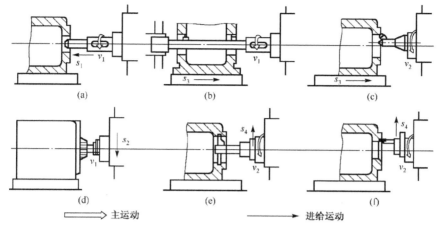

图 5-4-3　卧式镗床的典型加工方法

卧式镗床的主运动为镗轴和平旋盘的旋转运动。

进给运动包括以下几方面：

（1）镗轴的轴向进给运动。

（2）平旋盘上刀具溜板的径向进给运动。

（3）主轴箱的垂直进给运动。

（4）工作台的纵向和横向进给运动。

辅助运动包括以下几方面：

（1）主轴箱、工作台等的进给运动上的快速调位移动。

（2）后立柱的纵向调位移动。

（3）后支承架与主轴箱的垂直调位移动。

（4）工作台的转位运动。

二、卧式镗床的电力拖动形式和控制要求

（1）卧式镗床的主运动和进给运动多用同一台异步电动机拖动。为了适应各种形式和各种工件的加工，要求镗床的主轴有较宽的调速范围，因此多采用由双速或三速笼型异步电动机拖动的滑移齿轮有级变速系统。采用双速或三速电动机拖动，可简化机械变速机构。目前，采用电力电子器件控制的异步电动机无级调速系统已在镗床上获得广泛应用。

（2）镗床的主运动和进给运动都采用机械滑移齿轮变速，为有利于变速后齿轮的啮合，要求有变速冲动。

（3）要求主轴电动机能够正反转；可以进行点动调整；另外，要求有电气制动，通常采用反接制动。

（4）卧式镗床的各进给运动部件要求能快速移动，一般由单独的快速进给电动机拖动。

三、T68 型卧式镗床电气控制电路分析

T68 型卧式镗床电气控制电路原理图如图 5-4-4 所示。

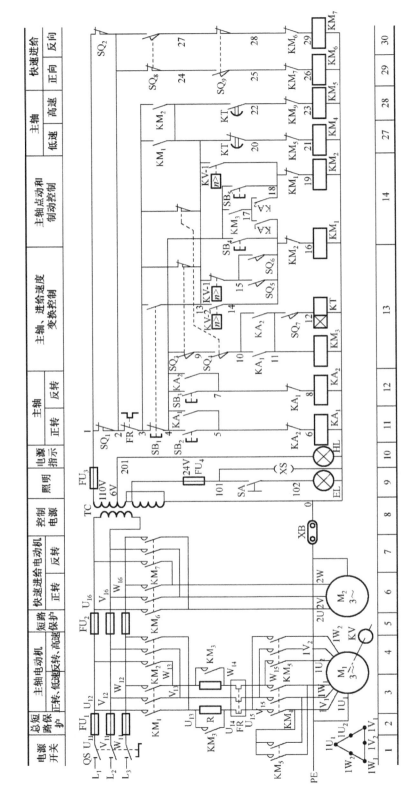

图 5-4-4　T68 型卧式镗床电气控制电路原理图

1．主电路

T68 型卧式镗床电气控制电路有两台电动机：一台是主轴电动机 M_1，作为主轴旋转及常速进给的动力，同时还驱动润滑油泵；另一台为快速进给电动机 M_2，作为各进给运动快速移动的动力。

M_1 为双速电动机，由接触器 KM_4、KM_5 控制：低速时 KM_4 吸合，M_1 的定子绕组为三角形连接，n_N=1460r/min；高速时 KM_5 吸合，KM_5 为两只接触器并联使用，定子绕组为双星形连接，n_N=2880r/min。KM_1、KM_2 控制 M_1 的正反转。SR 为与 M_1 同轴的速度继电器，在 M_1 停车时，由 SR 控制进行反接制动。为了限制启停电流和减小机械冲击，M_1 在制动、点动及主轴和进给的变速冲动时串入了限流电阻器 R，运行时由 KM_3 短接。热继电器 FR 用于 M_1 的过载保护。

M_2 为快速进给电动机，由 KM_6、KM_7 控制正反转。由于 M_2 是短时工作制，所以不需要用热继电器进行过载保护。

QS 为电源引入开关，FU_1 提供全电路的短路保护，FU_2 提供 M_2 及控制电路的短路保护。

2．控制电路

由控制变压器 TC 提供 110V 工作电压，FU_3 提供变压器二次侧的短路保护。控制电路包括 $KM_1 \sim KM_7$ 七个交流接触器和 KA_1、KA_2 两个中间继电器，以及时间继电器 KT 共十个电器的线圈支路，该电路的主要功能是对主轴电动机 M_1 进行控制。在启动 M_1 之前，首先要选择好主轴的转速和进给量（在主轴和进给变速时，与之相关的行程开关 $SQ_3 \sim SQ_6$ 的状态参见表 5-4-1），并且调整好主轴箱和工作台的位置（在调整好后行程开关 SQ_1、SQ_2 的动断触点（1—2）均处于闭合接通状态）。

表 5-4-1　主轴和进给变速行程开关 $SQ_3 \sim SQ_6$ 状态表

	相关行程开关的触点	正常工作时	变 速 时	变速后手柄推不上时
主轴变速	SQ_3（4—9）	+	−	−
	SQ_3（3—13）	−	+	+
	SQ_6（14—15）	−	−	+
进给变速	SQ_4（9—10）	+	−	−
	SQ_4（3—13）	−	+	+
	SQ_5（14—15）	−	+	+

注：表中+表示接通，−表示断开。

1）M_1 的正反转控制

SB_2、SB_3 分别为正、反转启动按钮，下面以正转启动为例进行分析。

按下 $SB_2 \to KA_1$ 线圈通电自锁 $\to KA_1$ 动合触点（10—11）闭合，KM_3 线圈通电 $\to KM_3$ 主触点闭合，短接电阻 R；KA_1 另一对动合触点（14—17）闭合，与闭合的 KM_3 辅助动合触点（4—17）使 KM_1 线圈通电 $\to KM_1$ 主触点闭合；KM_1 动合辅助触点（3—13）闭合，KM_4 通电，电动机 M_1 低速启动。

同理，在反转启动运行时，按下 SB_3，相继通电的电器为：$KA_2 \to KM_3 \to KM_2 \to KM_4$。

2）M₁ 的高速运行控制

若按上述方式启动控制，M₁ 为低速运行，此时机床的主轴变速手柄置于"低速"位置，微动开关 SQ 不吸合，由于 SQ 动合触点（11—12）断开，时间继电器 KT 线圈不通电。要使 M₁ 高速运行，可将主轴变速手柄置于"高速"位置，SQ 动作，其动合触点（11—12）闭合，这样在启动控制过程中 KT 与 KM₃ 同时通电吸合，经过 3s 左右的延时后，KT 的动断触点（13—20）断开，而动合触点（13—22）闭合，使 KM₄ 线圈断电而 KM₅ 通电，M₁ 为 YY 连接高速运行。无论是当 M₁ 低速运行时还是在停车时，若将变速手柄由低速挡转至高速挡，M₁ 都是先低速启动或运行，再经 3s 左右的延时后自动切换至高速运行。

3）M₁ 的停车制动

M₁ 采用反接制动，SR 为与 M₁ 同轴的反接制动控制机构用的速度继电器，它在控制电路中有三对触点：动合触点（13—18）在 M₁ 正转时动作，另一对动合触点（13—14）在反转时闭合，还有一对动断触点（13—15）提供变速冲动控制。当 M₁ 的转速达到 120r/min 以上时，SR 的触点动作；当转速降至 40r/min 以下时，SR 的触点复位。

下面以 M₁ 正转高速运行时按下停车按钮 SB₁ 停车制动为例进行分析。

按下 SB₁→SB₁ 动断触点（3—4）先断开，先前得电的线圈 KA₁、KM₃、KT、KM₁、KM₅ 相继断电→然后 SB₁ 动合触点（3—13）闭合，经 SR₂ 使 KM₂ 线圈通电→同时 KM₄ 通电，此时 M₁ D 形接法串电阻反接制动→电动机转速迅速下降至 SR 的复位值→SR₂ 动合触点断开，KM₂ 断电→KM₂ 动合触点断开，KM₄ 断电，制动结束。

如果是 M₁ 反转时进行制动，则通过 SR₁ 触点（13—14）闭合，控制 KM₁、KM₄ 进行反接制动。

4）M₁ 的点动控制

SB₄ 和 SB₅ 分别为正反转点动控制按钮。当需要进行点动调整时，可按下 SB₄（或 SB₅），使 KM₁ 线圈（或 KM₂ 线圈）通电，KM₄ 线圈也随之通电，由于此时 KA₁、KA₂、KM₃、KT 线圈都没有通电，所以 M₁ 串入电阻低速转动。当松开 SB₄（或 SB₅）时，由于没有自锁作用，所以 M₁ 为点动运行。

5）主轴的变速控制

主轴的各种转速是通过变速操纵盘来调节变速传动系统来实现的。在主轴运转时，如果要变速，可不必停车。只需将主轴变速操纵盘的操作手柄拉出（如图 5-4-5 所示，将手柄拉至②的位置），与变速手柄有机械联系的行程开关 SQ₃、SQ₆ 均复位（参见表 5-4-1），此后的控制过程如下（以正转低速运行为例）：

将变速手柄拉出→SQ₃ 复位→SQ₃ 动合触点断开→KM₃ 和 KT 都断电→KM₁、KM₄ 断电，M₁ 断电后由于惯性继续旋转。

SQ₃ 动断触点（3—13）闭合后，由于此时转速较高，故 SR₂ 动合触点为闭合状态→KM₂ 线圈通电→KM₄ 通电，电动机 M₁ D 接法进行制动，转速很快下降到 SR 的复位值→SR₂ 动合触点断开，KM₂、KM₄ 断电，断开 M₁ 反向电源，制动结束。

转动变速盘进行变速，变速后将手柄推回→SQ₃ 动作→SQ₃ 动断触点（3—13）断开；动合触点（4—9）闭合，KM$_1$、KM$_3$、KM$_4$重新通电，M$_1$重新启动。

由以上分析可知，如果变速前主电动机处于停转状态，那么变速后主电动机也处于停转状态。若变速前主电动机处于正向低速（D 形连接）状态运转，由于中间继电器仍然保持通电状态，变速后主电动机仍处于 D 形连接状态下运转。同理，如果变速前电动机处于高速（YY）正转状态，那么变速后，主电动机仍先连接成 D 形，再经 3s 左右的延时，才进入YY连接高速运转状态。

6）主轴的变速冲动

SQ$_6$为变速冲动行程开关，由表 5-4-1 可知，在不进行变速时，SQ$_6$的动合触点（14—15）是断开的；在变速时，如果齿轮未啮合好，变速手柄就合不上，即在图 5-4-5 中处于③的位置，则 SQ$_6$被压合→SQ$_6$的动合触点（14—15）闭合→KM$_1$由（13—15—14—16）支路通电→KM$_4$线圈支路也通电→M$_1$低速串电阻启动→M$_1$的转速升至 120r/min →SR 动作，其动断触点（13—15）断开→KM$_1$、KM$_4$ 线

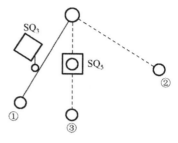

图 5-4-5　主轴变速手柄位置示意图

圈支路断电→SR$_2$动合触点闭合→KM$_2$通电→KM$_4$通电，M$_1$进行反接制动，转速下降→M$_1$的转速降至 SR 复位值，SR 复位，其动合触点断开，M$_1$断开制动电源；动断触点（13—15）闭合→KM$_1$、KM$_4$线圈支路再次通电→M$_1$转速再次上升……，这样使 M$_1$的转速在 SR 复位值和动作值之间反复升降，进行连续低速冲动，直至齿轮啮合好以后，方能将手柄推合至图 5-4-5 中①的位置，使 SQ$_3$被压合，而 SQ$_6$复位，变速冲动结束。

7）进给变速控制

进给变速控制与上述主轴变速控制的过程基本相同，只是在进给变速控制时，拉动的是进给变速手柄，动作的行程开关是 SQ$_4$和 SQ$_5$。

8）快速移动电动机 M$_2$的控制

为缩短辅助时间，提高生产效率，快速移动电动机 M$_2$通过传动机构拖动镗头架和工作台进行各种快速移动。运动部件及运动方向的预选由装在工作台前方的操作手柄进行，而控制则通过镗头架的快速操作手柄进行。当扳动快速操作手柄时，将压合行程开关 SQ$_7$或 SQ$_8$，接触器 KM$_6$或 KM$_7$通电，实现 M$_2$快速正转或快速反转。电动机驱动相应的传动机构拖动预选的运动部件快速移动。将快速移动手柄扳回原位时，行程开关 SQ$_7$或 SQ$_8$不再受压，KM$_6$或 KM$_7$断电，电动机 M$_2$停转，快速移动结束。

9）联锁保护

为防止工作台及主轴箱与主轴同时进给，应将行程开关 SQ$_1$（工作台进给）和 SQ$_2$（主轴进给）的动断触点并联在控制电路（1—2）中。当工作台及主轴箱进给手柄在进给位置时，SQ$_1$的触点断开；而当主轴的进给手柄在进给位置时，SQ$_2$的触点断开。如果两个手柄都处在进给位置，则 SQ$_1$、SQ$_2$的触点都断开，机床不能工作。

3. 照明电路和指示灯电路

变压器 TC 输出 24V 安全电压供给照明灯 EL，EL 的一端接地，QS$_2$为灯开关，由 FU$_4$

提供照明电路的短路保护。HL 为 6V 的电源指示灯。

四、T68 型卧式镗床常见电气故障的诊断与检修

镗床常见电气故障的诊断及检修与铣床大致相同，但由于镗床的机-电联锁装置较多，且采用双速电动机，所以会有一些特有的故障。

1. 主轴的转速与标牌的指示不符

这种故障一般有两种现象，第一种是主轴的实际转速比标牌指示转数增加一倍或减少一半，第二种是 M_1 只有高速或只有低速。第一种情况大多是由于安装调整不当引起的。T68 型镗床有 18 种转速，是由双速电动机和机械滑移齿轮联合调速来实现的。第 1，2，4，6，8，…挡是由电动机以低速运行驱动的，而 3，5，7，9，…挡是由电动机以高速运行来驱动的。由以上分析可知，M_1 的高、低速转换是靠主轴变速手柄推动微动开关 SQ_7，由 SQ_7 的动合触点（11—12）通、断来实现的。如果安装调整不当，使 SQ_7 的动作恰好相反，则会发生第一种情况。而产生第二种情况的主要原因是 SQ_7 损坏（或安装位置移动）。如果 SQ_7 的动合触点（11—12）总是接通，则 M_1 只有高速；如果 SQ_7 的动合触点（11—12）总是断开，则 M_1 只有低速。此外，KT 的损坏（如线圈烧断、触点不动作等）也会导致此类故障。

2. M_1 能低速启动，但置"高速"挡时，不能高速运行而自动停机

M_1 能低速启动，说明接触器 KM_3、KM_1、KM_4 工作正常；而低速启动后不能转换到高速运行且自动停机，说明时间继电器 KT 是工作的，其动断触点（13—20）能切断 KM_4 线圈支路，而动合触点（13—22）不能接通 KM_5 线圈支路。因此，应重点检查 KT 的动合触点（13—22）；此外，还应检查 KM_4 的互锁动断触点（22—23）。按此思路，接下去还应检查 KM_5 有无故障。

3. M_1 不能进行正反转点动、制动及变速冲动控制

出现上述故障，其原因往往是上述各种控制功能的公共电路部分出现故障，如果伴随着不能低速运行的故障，则可能是控制电路（13—20—21—0）支路中有断开点。否则，可能是主电路的制动电阻器 R 及引线上有断开点。如果主电路仅断开一相电源，电动机还会伴有断相运行时发出的"嗡嗡"声。

任务五　铣床电气控制电路的分析和检修

【任务情境】

由于生产需要，祝爸爸的工厂必须添置一台铣床，出于节省成本考虑，祝爸爸从二手市场购买了一台旧铣床。铣床拉回工厂，却不能马上运转。旧铣床还存在什么问题呢？祝爸爸想到了儿子祝宗雪和他的同学们。

【任务描述】

了解铣床的基本结构；识读铣床控制系统的电路原理图；分析铣床电气控制电路的工作

原理；检查与排除铣床控制电路的故障。

【计划与实施】

一、写一写

X62W 型万能铣床型号的含义。

二、做一做

X62W 型万能铣床的基本操作。

三、找一找

识读 X62W 型万能铣床的电气原理图，找一找主电路和控制电路。

四、说一说

（1）X62W 型万能铣床主电路的工作原理。

（2）X62W 型万能铣床控制电路的工作原理。

五、选一选

请选择铣床检修所需的工具和仪表，写出名称和型号。

六、测一测

（1）X62W 型万能铣床主电路故障的检修。

故　障　现　象	检修方法和过程	故　障　原　因

（2）X62W 型万能铣床控制电路故障的检修。

故 障 现 象	检修方法和过程	故 障 原 因

【练习与评价】

一、练一练

在主电路或控制电路中设置 1～2 处故障，请同学们用万用表测试，分析并排除故障。

二、评一评

请反思在本任务进程中你的收获和疑惑，写出你的体会和评价。

任务总结与评价表

内　容		收　获	疑　惑
获得知识			
掌握方法			
习得技能			
学习体会			
学习评价	自我评价		
	同学互评		
	老师寄语		

【任务资讯】

铣床是一种用途十分广泛的金属切削机床，其使用范围仅次于车床。铣床可用于加工平面、斜面和沟槽；如果装上分度头，可以铣削直齿齿轮和螺旋面；如果装上圆工作台，还可以加工凸轮和弧形槽等（图 5-5-1）。铣床的种类很多，主要有卧式铣床、立式铣床、龙门铣床、仿形铣床及各种专用铣床等，其中卧式铣床的主轴是水平的，而立式铣床的主轴是垂直的。常用的万能铣床有 X62W 型卧式万能铣床和 X53K 型立式万能铣床，其电气控制电路经改进后两者通用，下面以 X62W 型万能铣床为例进行介绍。

X62W 型万能铣床型号的含义如下：

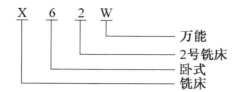

一、铣床的主要结构和运动形式

由于铣床的加工范围较广，运动形式较多，其结构也较为复杂。X62W 型万能铣床的结构示意图如图 5-5-1 所示。床身固定于底座上，用于安装和支承铣床的各部件，在床身内还装有主轴部件、主传动装置及变速操纵机构等。床身顶部的导轨上装有悬梁，悬梁上装有刀杆支架。铣刀装在刀杆上，刀杆的一端装在主轴上，另一端装在刀杆支架上。刀杆支架可以在悬梁上水平移动，悬梁又可以在床身顶部的水平导轨上水平移动，因此可以适应各种不同长度的刀杆。床身的前部有垂直导轨，升降台可以沿导轨上下移动，升降台内装有进给运动和快速移动的传动装置及其操纵机构等。在升降台的水平导轨上装有滑座，可以沿导轨作平行于主轴轴线方向的横向移动；工作台又经过回转盘装在滑座的水平导轨上，可以沿导轨作垂直于主轴轴线方向的纵向移动。这样，紧固在工作台上的工件，通过工作台、回转盘、滑座和升降台，可以在相互垂直的三个方向上实现进给或调速运动。在工作台与滑座之间的回转盘还可以使工作台左右转动 45° 角，因此工作台在水平面上除了可以做横向和纵向进给外，还可以实现在不同角度的各个方向上的进给，用于铣削螺旋槽。

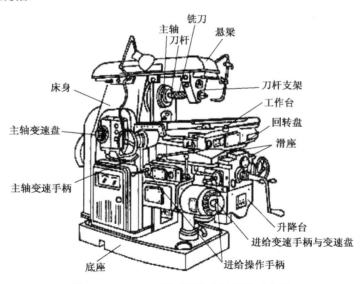

图 5-5-1 X62W 型万能铣床的结构示意图

由此可见，铣床的主运动是主轴带动刀杆和铣刀的旋转运动；进给运动包括工作台带动工件在水平的纵、横方向及垂直方向三个方向的运动；辅助运动则是工作台在三个方向的快速移动。图 5-5-2 所示为铣床主运动和进给运动示意图。

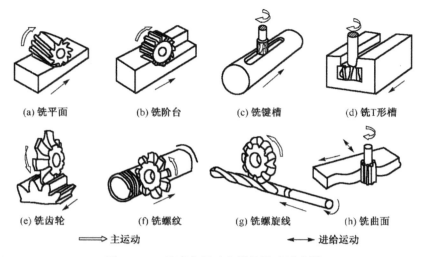

(a) 铣平面	(b) 铣阶台	(c) 铣键槽	(d) 铣T形槽

(e) 铣齿轮	(f) 铣螺纹	(g) 铣螺旋线	(h) 铣曲面

⟹ 主运动   ⟷ 进给运动

图 5-5-2   铣床主运动和进给运动示意图

二、铣床的电力拖动形式和控制要求

铣床的主运动和进给运动各由一台电动机拖动，所以铣床的电力拖动系统一般由三台电动机组成，即主轴电动机、进给电动机和冷却泵电动机。主轴电动机通过主轴变速箱驱动主轴旋转，并通过齿轮变速箱实现变速，以适应铣削工艺对转速的要求，电动机则不需要调速。由于铣削分为顺铣和逆铣两种加工方式，分别使用顺铣刀和逆铣刀，所以要求主轴电动机能够正反转，但只要求预先选定主轴电动机的转向，在加工过程中则不需要主轴反转。又由于铣削是多刃不连续的切削，负载不稳定，所以主轴上装有飞轮，以提高主轴旋转的均匀性，消除铣削加工时产生的振动，这样主轴传动系统的惯性较大，因此还要求主轴电动机在停机时有电气制动。进给电动机作为工作台进给运动及快速移动的动力，也要求能够正反转，以实现三个方向的正反向进给运动；通过进给变速箱，可获得不同的进给速度。为了使主轴和进给传动系统在变速时齿轮能够顺利地啮合，要求主轴电动机和进给电动机在变速时能够稍微转动一下（称为变速冲动）。三台电动机之间还要求有联锁控制，即在主轴电动机启动之后另外两台电动机才能启动运行。因此，铣床对电力拖动系统及其控制系统有以下要求：

（1）铣床的主运动由一台笼型异步电动机拖动，直接启动，能够正反转，并设有电气制动环节，能进行变速冲动。

（2）工作台的进给运动和快速移动均由同一台笼型异步电动机拖动，直接启动，能够正反转，也要求有变速冲动环节。

（3）冷却泵电动机只要求单向旋转。

（4）三台电动机之间有联锁控制，即主轴电动机启动之后，才能对其余两台电动机进行控制。

三、X62W 型万能铣床电气控制电路分析

X62W 型万能铣床的电气控制电路有许多种，图 5-5-3 所示电路是经过改进的电路，为 X62W 型卧式万能铣床和 X53K 型立式万能铣床所通用。

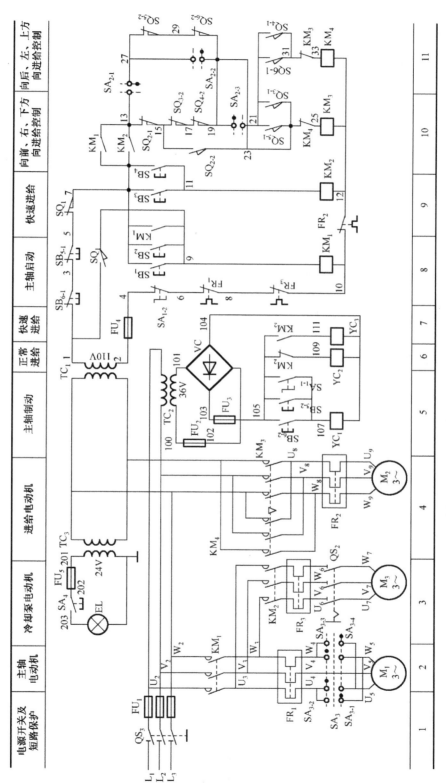

图 5-5-3　X62W 型万能铣床电气控制电路原理图

1. 主电路

三相电源由电源引入开关 QS_1 引入，FU_1 作全电路的短路保护。主轴电动机 M_1 的运行由接触器 KM_1 控制，由换相开关 SA_3 预选其转向。冷却泵电动机 M_3 由 QS_2 控制其单向旋转，但必须在 M_1 启动运行之后才能运行。进给电动机 M_2 由 KM_3、KM_4 实现正反转控制。三台电动机分别由热继电器 FR_1、FR_2、FR_3 提供过载保护。

2. 控制电路

控制变压器 TC_1 提供 110V 工作电压，FU_4 提供变压器二次侧的短路保护。该电路的主轴制动、工作台常速进给和快速进给分别通过控制电磁离合器 YC_1、YC_2、YC_3 来实现，电磁离合器需要的直流工作电压由整流变压器 TC_2 降压后经桥式整流器 VC 提供，FU_2、FU_3 分别提供交/直流侧的短路保护。

1）主轴电动机 M_1 的控制

M_1 由交流接触器 KM_1 控制，为操作方便，在机床的不同位置各安装了一套启动和停机按钮。SB_2 和 SB_6 装在床身上，SB_1 和 SB_5 装在升降台上。对 M_1 的控制包括主轴的启动、停机制动、换刀制动和变速冲动。

（1）启动。

在启动前先按照顺铣或逆铣的工艺要求，用组合开关 SA_3 预先确定 M_1 的转向。按下 SB_1 或 $SB_2 \rightarrow KM_1$ 线圈通电 $\rightarrow M_1$ 启动运行，同时 KM_1 动合辅助触点（7—13）闭合，为 KM_3、KM_4 线圈支路接通做好准备。

（2）停车与制动。

按下 SB_5 或 $SB_6 \rightarrow SB_5$ 或 SB_6 动断触点（3—5 或 1—3）断开 $\rightarrow KM_1$ 线圈断电，M_1 停车 $\rightarrow SB_5$ 或 SB_6 动合触点（105—107）闭合，制动电磁离合器 YC_1 线圈通电 $\rightarrow M_1$ 制动。

制动电磁离合器 YC_1 装在主轴传动系统与 M_1 转轴相连的第一根传动轴上，当 YC_1 通电吸合时，将摩擦片压紧，对 M_1 进行制动。停转时，应按住 SB_5 或 SB_6 直至主轴停转才能松开，一般主轴的制动时间不超过 0.5s。

（3）主轴的变速冲动。

主轴的变速是通过改变齿轮的传动比实现的。在需要变速时，将变速手柄（图 5-5-1）拉出，转动变速盘至所需的转速，然后再将变速手柄复位。在手柄复位的过程中，在瞬间压动行程开关 SQ_1，手柄复位后，SQ_1 也随之复位。在 SQ_1 动作的瞬间，SQ_1 的动断触点（5—7）先断开其他支路，然后动合触点（1—9）闭合，点动控制 KM_1，使 M_1 产生瞬间的冲动，利于齿轮的啮合；如果点动一次齿轮还不能啮合，可重复进行上述动作。

（4）主轴换刀控制。

在上刀或换刀时，主轴应处于制动状态，以避免发生事故。只要将换刀制动开关 SA_1 拨至"接通"位置，其动断触点 SA_{1-2}（或 SA_{4-6}）断开控制电路，保证在换刀时机床没有任何动作；其动合触点 SA_{1-1}（或 $SA_{105-107}$）接通 YC_1，使主轴处于制动状态。换刀结束后，要记住将 SA_1 扳回"断开"位置。

2）进给运动控制

工作台的进给运动分为常速（工作）进给和快速进给，常速进给必须在 M_1 启动运行后才能进行，而快速进给属于辅助运动，可以在 M_1 不启动的情况下进行。工作台在六个方向上的进给运动由机械操作手柄（图 5-5-1）带动相关的行程开关 $SQ_3 \sim SQ_6$，通过控制接触器 KM_3、KM_4 来控制进给电动机 M_2 的正反转。行程开关 SQ_5 和 SQ_6 分别控制工作台的向右和向左运动，而 SQ_3 和 SQ_4 则分别控制工作台的向前、向下和向后、向上运动。

进给拖动系统使用的两个电磁离合器 YC_2 和 YC_3 都安装在进给传动链中的第四根传动轴上。当 YC_2 吸合而 YC_3 断开时，为常速进给；当 YC_3 吸合而 YC_2 断开时，为快速进给。

（1）工作台的纵向进给运动。

将纵向进给操作手柄扳向右边→行程开关 SQ_5 动作→其动断触点 SQ_{5-2}（或 SQ_{27-29}）先断开，动合触点 SQ_{5-1}（或 SQ_{21-23}）后闭合→KM_3 线圈通过（13—15—17—19—21—23—25）路径通电→M_2 正转→工作台向右运动。

若将操作手柄扳向左边，则 SQ_6 动作→KM_4 线圈通电→M_2 反转→工作台向左运动。

SA_2 为圆工作台控制开关，此时应处于"断开"位置，其三组触点状态为：SA_{2-1}、SA_{2-3} 接通，SA_{2-2} 断开。

（2）工作台的垂直与横向进给运动。

工作台垂直进给运动与横向进给运动由一个十字形手柄操纵，十字形手柄有上、下、前、后和中间五个位置，将手柄扳至"向下"或"向上"位置时，分别压动行程开关 SQ_3 或 SQ_4，控制 M_2 正转或反转，并通过机械传动机构使工作台分别向下和向上运动；而当手柄扳至"向前"或"向后"位置时，虽然同样是压动行程开关 SQ_3 和 SQ_4，但此时机械传动机构则使工作台分别向前和向后运动。当手柄在中间位置时，SQ_3 和 SQ_4 均不动作。下面就以向上运动的操作为例分析电路的工作情况，其余的可自行分析。

将十字形手柄扳至"向上"位置，SQ_4 的动断触点 SQ_{4-2} 先断开，动合触点 SQ_{4-1} 后闭合→KM_4 线圈经（13—27—29—19—21—31—33）路径通电→M_2 反转→工作台向上运动。

（3）进给变速冲动。

与主轴变速时一样，进给变速时也需要使 M_2 瞬间点动一下，使齿轮易于啮合。进给变速冲动由行程开关 SQ_2 控制，在操纵进给变速手柄和变速盘（图 5-5-1）时，瞬间压动行程开关 SQ_2，在 SQ_2 通电的瞬间，其动断触点 SQ_{2-1}（或 SQ_{13-15}）先断开而动合触点 SQ_{2-2}（或 SQ_{15-23}）后闭合，使 KM_3 线圈经（13—27—29—19—17—15—23—25）路径通电，M_2 正向点动。由 KM_3 的通电路径可见，只有在进给操作手柄均处于零位（即 $SQ_3 \sim SQ_6$ 均不动作）时，才能进行进给变速冲动。

（4）工作台快速进给的操作。

要使工作台在六个方向上快速进给，在按常速进给的操作方法操纵进给控制手柄的同时，还要按下快速进给按钮开关 SB_3 或 SB_4（两地控制），使 KM_2 线圈通电，其动断触点（105—109）切断 YC_2 线圈支路，动合触点（105—111）接通 YC_3 线圈支路，使机械传动机构改变传动比，实现快速进给。由于 KM_1 的动合触点（7—13）并联了 KM_2 的一个动合触点，所以在 M_1 不启动的情况下，也可以进行快速进给。

3）圆工作台的控制

在加工弧形槽、弧形面和螺旋槽时，可以在工作台上加装圆工作台。圆工作台的回转运动也是由进给电动机 M_2 拖动的。在使用圆工作台时，将控制开关 SA_2 扳至"接通"位置，此时 SA_{2-2} 接通而 SA_{2-1}、SA_{2-3} 断开。在主轴电动机 M_1 启动的同时，KM_3 线圈经（13—15—17—19—29—27—23—25）路径通电，使 M_2 正转，带动圆工作台旋转运动（圆工作台只需要单向旋转）。由 KM_3 线圈的通电路径可见，只要扳动工作台进给操作的任何一个手柄，$SQ_3 \sim SQ_6$ 中一个行程开关的动断触点断开，都会切断 KM_3 线圈支路，使圆工作台停止运动，从而保证了工作台的进给运动和圆工作台的旋转运动不会同时进行。

3．照明电路

照明灯 EL 由照明变压器 TC_3 提供 24V 的工作电压，SA_4 为灯开关，FU_5 提供短路保护。

四、X62W 型万能铣床电气控制电路故障的诊断与检修

X62W 型万能铣床电气控制电路较常见的故障主要是主轴电动机控制电路和工作台进给控制电路的故障。

1．主轴电动机控制电路故障

1）M_1 不能启动

与前面已分析过的机床的同类故障一样，可从电源、QS_1、FU_1、KM_1 的主触点、FR_1 到换相开关 SA_3，从主电路到控制电路进行检查。因为 M_1 的容量较大，应注意检查 KM_1 的主触点、SA_3 的触点有无被熔化，有无接触不良。

此外，如果主轴换刀制动开关 SA_1 仍处在"换刀"位置，SA_{1-2} 断开；或者 SA_1 虽处于正常工作的位置，但 SA_{1-2} 接触不良，使控制电源未接通，M_1 也不能启动。

2）M_1 停车时无制动

重点是检查电磁离合器 YC_1，如 YC_1 线圈有无断线、接点有无接触不良，整流电路有无故障等。此外还应检查控制按钮 SB_5 和 SB_6。

3）主轴换刀时无制动

如果在 M_1 停车时主轴的制动正常，而在换刀时制动不正常，应重点检查制动控制开关 SA_1。

4）按下停车按钮后 M_1 不停车

此故障的主要原因可能是 KM_1 的主触点熔焊。如果在按下停车按钮后，KM_1 不释放，则可断定故障是由 KM_1 主触点熔焊引起的。应注意此时电磁离合器 YC_1 正在对主轴起制动作用，会造成 M_1 过载，并产生机械冲击。所以一旦出现这种情况，应马上松开停车按钮，进行检查，否则会很容易烧坏电动机。

5）主轴变速时无瞬时冲动

由于主轴变速行程开关 SQ_1 在频繁动作后，造成开关位置移动，甚至开关底座被撞碎或触点接触不良，都将造成主轴变速时无瞬时冲动。

2. 工作台进给控制电路故障

铣床的工作台应能够进行前、后、左、右、上、下六个方向的常速和快速进给运动，其控制是由电气和机械系统配合进行的，所以在出现工作台进给运动的故障时，如果对机、电系统的部件逐个进行检查，是难以快速查出故障原因的。可依次进行其他方向的常速进给、快速进给、进给变速冲动和圆工作台的进给控制试验，来逐步缩小故障范围，分析故障原因，然后再在故障范围内逐个对电器元件、触点、接线和接点进行检查。在检查时，还应考虑机械磨损或移位使操纵失灵等非电气故障。这部分电路的故障较多，下面仅以一些较典型的故障为例来进行分析。

1）工作台不能纵向进给

此时应先对横向进给系统和垂直进给系统进行试验检查，如果正常，则说明进给电动机 M_2、主电路、接触器 KM_3、KM_4 及与纵向进给相关的公共支路都正常，应重点检查图 5-5-3 所示电路中的行程开关 SQ_{2-1}、SQ_{3-2} 及 SQ_{4-2}，即接线端编号为 13—15—17—19 的支路，因为只要这三对动断触点之中有一对不能闭合、接触不良或者接线松脱，纵向进给就不能正常进行。同时，可检查进给变速冲动是否正常，如果也正常，则故障范围已缩小到 SQ_{2-1} 及 SQ_{5-1}、SQ_{6-1}。一般情况下，SQ_{5-1}、SQ_{6-1} 两个行程开关的动合触点同时发生故障的可能性较小，而 SQ_{2-1}（或 SQ_{13-15}）由于在进给变速时，常常会因用力过猛而容易损坏，所以应先检查该行程开关。

2）工作台不能向上进给

首先进行进给变速冲动试验，若进给变速冲动正常，则可排除与向上进给控制相关的支路 13—27—29—19 存在故障的可能性；再进行向左方向进给试验，若向左方向进给正常，则可排除 19—21 和 31—33—12 支路存在故障的可能性。这样，故障点可缩小到 21—SQ_{4-1}—31 的范围内。例如，可能是在多次操作后，行程开关 SQ_4 因安装螺钉松动而移位，造成操纵手柄虽已到位，但其触点 SQ_{4-1}（或 SQ_{21-31}）仍不能闭合，因此工作台不能向上进给。

3）工作台各个方向都不能进给

出现此类故障时，可先进行进给变速冲动和圆工作台的控制，如果都正常，则故障可能在圆工作台控制开关 SA_{2-3} 及其接线（19—21）上；但若变速冲动也不能进行，则要检查接触器 KM_3 能否吸合，如果 KM_3 不能吸合，除了 KM_3 本身的故障之外，还应检查控制电路中有关的电器部件、接点和接线，如接线端 2—4—6—8—10—12、7—13 等部分；若 KM_3 能吸合，则应着重检查主电路，包括检查 M_2 的接线及绕组有无故障。

4）工作台不能快速进给

如果工作台的常速进给运行正常，只是不能快速进给，则应检查 SB_3、SB_4 和 KM_2，如果这三个电器无故障，电磁离合器电路的电压也正常，则故障可能发生在 YC_3 本身，常见的故障原因有 YC_3 线圈损坏或机械卡死，离合器的动、静摩擦片间隙调整不当等。

项目检测

1．判断题

（1）磨床的电磁吸盘既可以使用直流电，也可以使用交流电。

（2）铣床在铣削加工过程中不需要主轴反转。

（3）T68 型卧式镗床主电路中电阻器的作用是限制启动电流。

（4）T68 型卧式镗床控制电路中，速度继电器 KV 的动断触点（13—15）提供反接制动控制功能。

2．选择题

（1）Z3050 型摇臂钻床的摇臂升降电动机 M_2、冷却泵电动机 M_4 都不需要用热继电器进行过载保护，是由于 M_2 _____，M_4 _____。

    A．容量太小   B．不会过载   C．是短时工作制

（2）M7130 型卧轴矩台平面磨床控制电路中，电阻器 R_1、R_2、R_3 的作用分别是 _____、_____、_____。

    A．限制退磁电流   B．电磁吸盘线圈的过电压保护   C．整流器的过电压保护

（3）X62W 型万能铣床的主轴采用 _____制动，T68 型卧式镗床的主轴采用 _____制动。

    A．反接   B．能耗   C．电磁离合器

（4）若 X62W 型万能铣床的主轴未启动，则工作台 _____。

    A．不能有任何进给   B．可以进给   C．可以快速进给

（5）T68 型卧式镗床的主轴电动机 M_1 是一台双速异步电动机，低速时定子绕组为 _____连接，高速时定子绕组为 _____连接。

    A．三角形   B．星形   C．双星形

3．简答题

（1）试述 C650—2 型卧式车床主轴电动机的控制特点及时间继电器 KT 的作用。

（2）M7130 型卧轴矩台平面磨床的电磁吸盘没有吸力或吸力不足，试分析可能的原因。

（3）Z3050 型摇臂钻床的摇臂上升、下降动作相反，试通过电气控制电路分析其故障原因。

4．实践操作题

（1）排除 X62W 型万能铣床的以下故障：

① 主轴正反转运行都很正常，但按下停止按钮时，主轴不停。

② 工作台向右、向左、向前、向下进给都正常，但不能向上、向后进给。

③ 工作台垂直进给与横向进给都正常，但不能纵向进给。

（2）T68 型卧式镗床能低速启动，但不能高速运行，试分析故障原因，并排除故障。

项目六

稳 压 电 源

项目目标

通过本项目的学习，应达到以下学习目标：

（1）能识别不同型号的电阻器和电容器，会用万用表对电阻器和电容器进行检测。

（2）能说出变压器的结构和简单的工作原理，能识别不同型号的小型变压器，会用万用表对小型变压器进行检测。

（3）能识别和检测二极管和桥式整流堆，会按要求选用二极管和桥式整流堆。

（4）会画集成稳压器的符号，能说出集成稳压器的作用，能识别和检测集成稳压器。

（5）会选用电烙铁、焊料和助焊剂，能说出手工焊接的一般流程和工艺，能对单面电路板进行手工焊接和拆焊。

（6）能画出直流稳压电源电路图，说出简单的工作原理，会安装和调试直流稳压电源。

项目内容

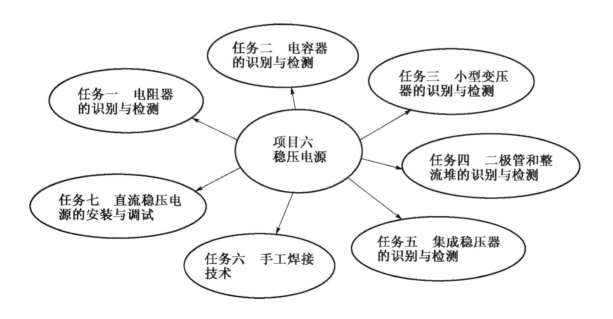

项目进程

 任务一　电阻器的识别与检测

【任务情境】

我们都知道道路有宽有窄，狭窄的道路容易堵塞，单位时间的车流量就少，而宽阔的道路就会比较畅通，单位时间的车流量就多。那么，对于电路，是不是也有相同的道理呢？单位时间通过电路某一截面的电荷流量与什么有关呢？

【任务描述】

画出电阻器的符号；区分不同种类和型号的电阻器；知道电阻器的命名方法和主要参数；能用正确方法检测电阻器。

【计划与实施】

一、认一认

图 6-1-1 中各是什么电阻器？

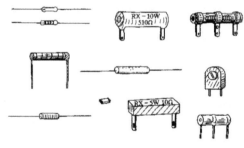

图 6-1-1　电阻器（一）

二、画一画

电阻器的符号。

三、辨一辨

根据色环法，识别图 6-1-2 中各电阻器的颜色并读出其阻值，将结果填写在下表中。

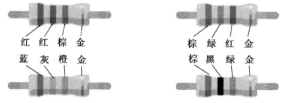

图 6-1-2　电阻器（二）

序 号	标注（颜色）	识 别			检 测		判断是否合格
		材 料	阻 值	允 许 误 差	量 程	阻 值	
1							
2							
3							
4							

四、测一测

使用万用表测量各个电阻器，进一步完成上表。比较标注值与测量值，并判断电阻器是否合格。

【练习与评价】

一、练一练

1. 判断题

（1）电阻器在电子产品中是必不可少、使用最多的元器件之一。
（2）电阻器按其材料不同可分为碳膜电阻器、金属膜电阻器、线绕电阻器等。
（3）电阻器的主要参数有电阻值和额定功率。
（4）色环标志法有四环、五环，还有六环。
（5）测量电阻器时，双手可同时接触被测电阻器的两根引线。
（6）光敏电阻器的特点是入射光越强，电阻值就越大，入射光越弱，电阻值就越小。
（7）用万用表测量热敏电阻器时，应在环境温度接近60℃时进行。

2. 实践操作题

将各种不同阻值的电阻器串联或并联起来，然后用万用表检测出连接后的电阻值。

二、评一评

请反思在本任务进程中你的收获和疑惑，写出你的体会和评价。

任务总结与评价表

内 容		收 获	疑 惑
获得知识			
掌握方法			
习得技能			
学习体会			
学习评价	自我评价		
	同学互评		
	老师寄语		

【任务资讯】

电阻器通常简称为"电阻"，它是电气、电子设备中使用最多的基本元件之一。

一、电阻器的符号及作用

电阻器的文字符号为"R"，图形符号如图 6-1-3 所示。如果电路图中有多个电阻器，则用"R"加数字来区分它们，如 R_1、R_2、R_3 等。它主要用于控制和调节电路中的电流和电压（限流、分流、降压、分压、偏置等），或者用作消耗电能的负载。电阻没有极性，在电路中它的两根引脚可以交换连接。

图 6-1-3　电阻器的图形符号

二、电阻器的分类

按制造材料的不同，电阻器可分为碳膜电阻器、金属膜电阻器、有机实芯电阻器、线绕电阻器、固定抽头电阻器、可变电阻器、滑线式变阻器和片状电阻器等，如图 6-1-4 所示。在业余电子制作中一般常用碳膜或金属膜电阻器。碳膜电阻器具有稳定性高、高频特性好、负温度系数小、脉冲负荷稳定及成本低廉等特点，应用广泛。金属膜电阻器具有稳定性高、温度系数小、耐热性能好、噪声很小、工作频率范围宽及体积小等特点，应用也很广泛。

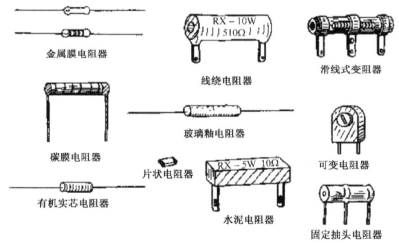

图 6-1-4　各种类型的电阻器

按使用场合的不同，电阻器可分为精密电阻器、大功率电阻器、高频电阻器、高压电阻器、热敏电阻器、光敏电阻器、熔断电阻器等。

按阻值是否可以调整，电阻器可以分为固定电阻器和可变电阻器两种。

三、电阻器的型号及命名方法

电阻器的型号命名由四部分组成，如图 6-1-5 所示。第一部分用字母"R"表示电阻器的主称，第二部分用字母表示构成电阻器的材料，第三部分用数字或字母表示电阻器的分类，第四部分用数字表示序号。电阻器型号中字符的含义参见表 6-1-1。例如，型号为 RT11，表示这是普通碳膜电阻器；型号为 RJ71，表示这是精密金属膜电阻器。

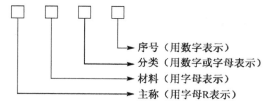

图 6-1-5 电阻器型号的构成

表 6-1-1 电阻器型号中字符的含义

第 一 部 分		第 二 部 分		第 三 部 分		第 四 部 分
用字母表示主称		用字母表示材料		用数字或字母表示分类		用数字表示序号
符号	意 义	符号	意 义	符号	意 义	
R	电阻器	T	碳膜	1	普通	
		P	硼碳膜	2	普通	
		U	硅碳膜	3	超高频	
		H	合成膜	4	高阻	
		I	玻璃釉膜	5	高温	
		J	金属膜	7	精密	
		Y	氧化膜	8	高压	
		S	有机实芯	9	特殊	
		N	无机实芯	G	高功率	
		X	线绕	X	小型	
		C	沉积膜	L	测量用	
		G	光敏	D	多圈	

四、电阻器的主要参数

电阻器的主要参数有电阻值和额定功率。

1．电阻值

电阻值简称阻值,基本单位是欧姆,简称欧(Ω)。常用单位还有千欧($k\Omega$)和兆欧($M\Omega$),它们之间的换算关系是:$1k\Omega=1000\Omega$,$1M\Omega=1000k\Omega$。

2．额定功率

额定功率是电阻器的另一主要参数,常用电阻器的功率有 1/8W、1/4W、1/2W、1W、2W 及 5W 等,如图 6-1-6所示。使用中应选用额定功率等于或大于电路要求的电阻器。电路图中未标注额定功率的电阻表示该电阻器工作中消耗功率很小,可不必考虑。例如,大部分业余电子制作中对电阻器的功率都没有要求,这时可选用 1/8W 或 1/4W 的电阻器。

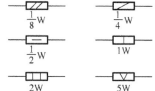

图 6-1-6 电阻器额定功率的标识

五、电阻器的识别与检测

1．电阻器的识别

电阻器上阻值和允许误差的标注方法有以下三种。

1）直接标注法

将电阻器的阻值和误差等级直接用数字印在电阻器上。对小于1000Ω的阻值只标出数值，不标注单位；对 kΩ、MΩ量级阻值只标注 k、M。精度等级只标明 I 或 II 级，III 级不标明，参见表 6-1-2 和图 6-1-7。

表 6-1-2　常用电阻器的允许误差等级

允 许 误 差	±0.5%	±1%	±5%	±10%	±20%
等　　级	005	01	I	II	III
文字符号	D	F	J	K	M

2）文字符号法

将需要标注的主要参数与技术指标用文字和数字符号有规律地标注在产品表面上。例如，欧姆用Ω，千欧（10^3Ω）用 k 表示，兆欧（10^6Ω）用 M 表示，吉欧（10^9Ω）用 G 表示，太欧（10^{12}Ω）用 T 表示。

再如，0.68Ω电阻的文字符号标注为Ω68；8.2 千欧姆、误差为±10%的电阻的文字符号标注为 8k2 II，如图 6-1-7 所示；$3.3×10^{12}$ 欧姆的电阻可标注为 3T3 等。

3）色环标注法

对体积很小的电阻和一些合成电阻器，其阻值和误差常用色环来标注，如图 6-1-8 所示。色环标注法有四环和五环两种。四环电阻的一端有四道色环，第 1 道环和第 2 道环分别表示电阻的第一位和第二位有效数字，第 3 道环表示 10 的乘方数（10^n，n 为颜色所表示的数字），第 4 道环表示允许误差（若无第四道色环，则误差为±20%）。色环电阻的单位一律为Ω。色环一般采用黑、棕、红、橙、黄、绿、蓝、紫、灰、白、金及银 12 种颜色，色环颜色所表示的有效数字和允许误差参见表 6-1-3。

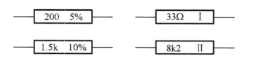

图 6-1-7　电阻器的直标法和文字符号法

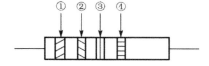

图 6-1-8　电阻器的色环标注法

表 6-1-3　色环颜色所表示的有效数字和允许误差

色　　别	银	金	黑	棕	红	橙	黄	绿	蓝	紫	灰	白	无色
有效数字	–	–	0	1	2	3	4	5	6	7	8	9	–
乘方数	10^{-2}	10^{-1}	10^0	10^1	10^2	10^3	10^4	10^5	10^6	10^7	10^8	10^9	–
允许误差	±10%	±5%	–	±1%	±2%		±0.5 %	±0.2%	±0.1%	–			±20%
误差代码	K	J		F	G		D	C	B				M

例如，某电阻有四道色环，分别为黄、紫、红、金，则其色环的意义如下：

①环：黄色　　②环：紫色　　③环：红色　　④环：金色

4	7	10^2	±5%

该电阻的阻值为 4700Ω±5%。

精密电阻器一般用五道色环标注，它用前三道色环表示三位有效数字，第四道色环表示 10^n（n 为颜色所代表的数字），第五道色环表示阻值的允许误差。

如某电阻的五道色环依次为橙、橙、红、红、棕，则其阻值为 $332 \times 10^2 \Omega \pm 1\%$。

在色环电阻器的识别中，找出第一道色环是很重要的。在四色环电阻中，第四道色环一般是金色或银色，由此可推出第一道色环。在五色环电阻中，第一道色环与电阻的引脚距离最短，由此可识别出第一道色环。

采用色环标注的电阻器，颜色醒目，标注清晰，不易褪色，从不同的角度都能看清阻值和允许偏差。目前在国际上广泛采用色标法。

2. 电阻器的检测

当电阻的参数标注因某种原因脱落或欲知道其精确阻值时，就需要用仪器对电阻的阻值进行测量。对于常用的碳膜电阻器、金属膜电阻器及线绕电阻器的阻值，可用普通指针式万用表的电阻挡直接测量。在具体测量时应注意以下几点。

1）合理选择量程

先将万用表功能选择开关置于 "Ω" 挡，由于指针式万用电表的电阻挡刻度线是一条非均匀的刻度线，因此必须选择合适的量程，使被测电阻的指示值尽可能位于刻度线的 0 刻度到满量程 2/3 这一段位置上，这样可提高测量的精度。

用万用表测量电阻值时，一般测量 100Ω 以下电阻器可选择 R×1 挡，100Ω～1kΩ电阻器可选择 R×10 挡，1～10kΩ电阻器可选择 R×100 挡，10～100kΩ电阻器可选择 "R×1k" 挡，100kΩ以上电阻器可选择 R×10k 挡。

2）注意调零

所谓 "调零" 就是将万用表的两只表笔短接，调节 "调零" 旋钮使表针位于表盘上的 "0Ω" 位置。"调零" 是测量电阻器之前必不可少的步骤，而且每换一次量程都必须重新调零一次。顺便指出，若 "调零" 旋钮已调到极限位置，但指针仍回不到 "0Ω" 位置，说明万用表内部的电池电压已不足了，应更换新电池后再进行调零和测量。

3）读数要准确

在观测被测电阻的阻值读数时，两眼应位于万用表指针的正上方（万用表应水平放置），同时注意双手不能同时接触被测电阻的两根引线，以免人体电阻的存在影响测量的准确性。表头的读数乘以挡位，就是所测电阻的电阻值。

六、电阻传感器

传感器技术是测量技术、半导体技术、计算机技术、信息处理技术、微电子学、光学、声学、精密机械、仿生学和材料科学等众多学科相互交叉的综合性和高新技术密集型前沿技术之一，是现代新技术革命和信息社会的重要基础，是自动检测和自动控制技术不可缺少的重要组成部分。目前，传感器技术已成为我国国民经济不可或缺的支柱产业的一部分。传感器在工业部门的应用普及率已被国际社会作为衡量一个国家智能化、数字化、网络化的重要标准。

传感器有很多种，电阻型传感器有光敏、热敏、压敏、湿敏、气敏等类型，下面对最常见的几种传感器进行介绍。

1. 光敏电阻器

光敏电阻器是利用半导体的光电效应制成的一种电阻值随入射光的强弱而改变的电阻器。主要用于光的测量、光的控制和光电转换。光敏电阻器都制成薄片结构，以便能够吸收更多的光能。该类电阻器的特点是入射光越强，电阻值就越小，入射光越弱，电阻值就越大。例如，声控灯中采用光敏电阻器作为白天控制灯光的装置。

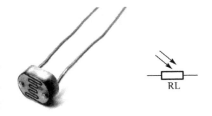

图 6-1-9 光敏电阻及其图形符号

光敏电阻器及其图形符号如图 6-1-9 所示，它是一个有光线射向电阻器的图案，十分形象，便于记忆。光敏电阻器的文字标注为"RL"，附加的字母"L"表示它对光线敏感。光敏电阻器没有极性，在接入电路时，它的两只引脚可以任意交换连接位置。

检测时，可以用万用表"R×1k"欧姆挡，具体可分两次操作，即测量暗电阻和测量亮电阻。测量暗电阻时，用物体将光敏电阻器的感光面遮住，万用表的指针基本不偏转，阻值接近无穷大，此值越大说明光敏电阻器性能越好。若此值很小或接近于零，说明光敏电阻器已损坏，不能再继续使用。测量亮电阻时，将一个光源对准光敏电阻器的感光面，此时万用表的指针应有较大幅度的偏转，阻值越小说明光敏电阻器性能越好。若阻值很大甚至无穷大，表明光敏电阻器内部开路损坏，不能再继续使用。

测试时应注意以下两点：

（1）如果测量已经焊接在电路中的光敏电阻器，应该将它的一个引脚焊开脱离电路，以消除相连元件对测量的影响。

（2）由于是用较高的电阻挡测量，所以测量者的手不能同时触及被测光敏电阻器的两端。

2. 热敏电阻器

热敏电阻器属于敏感元件，按照温度系数的不同，可分为正温度系数热敏电阻器（PTC）和负温度系数热敏电阻器（NTC）。热敏电阻器的典型特点是对温度敏感，不同的温度下表现出不同的电阻值。正温度系数热敏电阻器（PTC）在温度越高时电阻值越大，负温度系数热敏电阻器（NTC）在温度越高时电阻值越低，它们同属于半导体器件。

热敏电阻器及其图形符号如图 6-1-10 所示，图形中的字母"t"表示它对温度敏感。热敏电阻器的文字标注为"RT"，附加的字母"T"表示它与温度有关。热敏电阻器没有极性，在接入电路时，它的两只引脚可以任意交换连接位置。

图 6-1-10 热敏电阻及其图形符号

检测时，用万用表欧姆挡（视标称阻值确定挡位，一般为"R×1"挡），具体可分两步操作。首先在常温（室内温度接近 25℃）下，用万用表测出 PTC 热敏电阻的实际阻值，并与标称阻值相对比，二者相差在±2Ω内即为正常。实际阻值若与标称阻值相差过大，则说明其性能不良或已损坏。其次进行加温检测，在常温测试正常的基础上，即可进行加温检测，将一热源（如电烙铁）靠近热敏电阻对其加热，观察万用表示数，此时如看到万用表示数随温度的升高而改变，这表明电阻值在逐渐改变（负温度系数热敏电阻器阻值会变小，正温度系数热敏电阻器阻值会变大），当阻值改变到一定数值时显示数据会逐渐稳定，说明热敏电阻器正常，若阻值无变化，说明其性能变差，不能继续使用。

测试时应注意以下四点：

（1）RT 是生产厂家在环境温度为 25℃时进行检验的，所以用万用表测量 RT 时，也应在环境温度接近 25℃时进行，以保证测试的可信度。

（2）测量功率不得超过规定值，以免电流热效应引起测量误差。

（3）测试时，不要用手捏住热敏电阻体，以防止人体温度对测试产生影响。

（4）注意不要使热源与正温度系数热敏电阻靠得过近或直接接触正温度系数热敏电阻，以防止将其烫坏。

任务二 电容器的识别与检测

【任务情境】

拿一个杯子，往里面倒水，倒满水后，又把杯子里的水倒掉，杯子里又没有了水。其实，杯子就是一个容器，而水就是这个容器所存储的东西，可以存着也可以不要。那电容器是不是也是如此呢？

【任务描述】

画出电容器的符号；区分不同种类和型号的电容器；知道电容器的命名方法和主要参数；能用正确方法检测电容器。

【计划与实施】

一、认一认

图 6-2-1 中各是什么电容器？

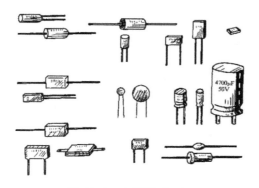

图 6-2-1 电容器（一）

二、画一画

电容器的符号。

三、辨一辨

识别图 6-2-2 中各电容的容量和耐压，将结果填写在下表中。

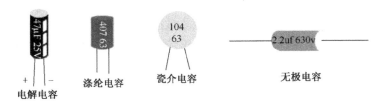

电解电容　涤纶电容　瓷介电容　无极电容

图 6-2-2　电容器（二）

序　号	标　注	识　别			检　测		判断是否合格
		材　料	容　量	耐　压	量　程	漏电阻值	
1							
2							
3							
4							

四、测一测

使用万用表测量各个电容器，进一步完成上表，并判断电容器是否合格。

【练习与评价】

一、练一练

1. 判断题

（1）电容器的功能是储存电荷或电能，其特点是"隔直通交"。

（2）电容的单位是法拉，简称法，符号是 F。

（3）电容器按结构可分为固定电容和可变电容。

（4）采用万用表测量电阻器应使指针指在满量程的 1/3～2/3 之间。

（5）电容器在代用时要与原电容器的容量基本相同。

2. 实践操作题

将各种不同容量的电容器串联或并联起来，用万用表判断其总容量的变化。

二、评一评

请反思在本任务进程中你的收获和疑惑，写出你的体会和评价。

任务总结与评价表

内 容		收 获	疑 惑
获得知识			
掌握方法			
习得技能			
学习体会			
学习评价	自我评价		
	同学互评		
	老师寄语		

【任务资讯】

电容器是一种储存电荷的"容器"，通常简称为"电容"。它是组成电子电路的基本元件之一，在电子设备中被大量使用。

一、电容器的功能和特性

电容器的功能是储存电荷或电能。利用电容器充、放电和隔断直流电、通过交流电的特性，在电路中用于交流耦合、滤波、去耦、隔直、交流旁路、调谐、能量转换和组成振荡电路等。

电容器的构造非常简单。将两块电极板互相面对，中间用绝缘物质（称为电介质）分隔开，就构成了电容器，如图 6-2-3 所示。不同种类电容器的电介质使用不同的原材料。

电容器的两电极之间是互相绝缘的，直流电无法通过电容器。但是对于交流电来说情况就不同了，交流电可以通过在两电极之间充、放电而"通过"电容器。如图 6-2-4 所示，在交流电正半周时，电容器被充电，有一充电电流通过电容器（左图）；在交流电负半周时，电容器放电并反方向充电，放电和反方向充电电流通过电容器（右图）。归纳起来，电容器的基本功能是隔直流、通交流。电容器的各项作用都是这一基本功能的具体应用。

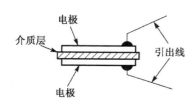

图 6-2-3　电容器结构示意图

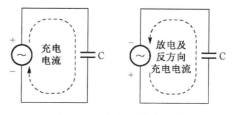

图 6-2-4　电容器的充、放电

二、电容器的分类

电容器按结构可分为固定电容和可变电容，可变电容中又有半可变（微调）电容和全可变电容之分。

电容器按材料介质可分为气体介质电容、纸介电容、有机薄膜电容、瓷介电容、云母电容、玻璃釉电容、电解电容、钽电解电容等，如图 6-2-5 所示。

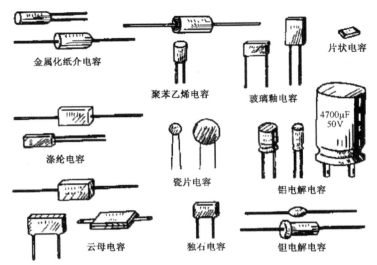

图 6-2-5　各种电容器

电容器按用途可分为高频旁路电容器、低频旁路电容器、滤波电容器、调谐电容器、高频耦合电容器、低频耦合电容器等。

三、电容器的符号

在电路图中，电容器用如图 6-2-6 所示的图形符号来表示，文字标注为字母"C"。当电路中有多个电容器时，增加数字来加以区别，如 C_1、C_2、C_3 等。

图 6-2-6　电容器的图形符号

常用电容器的图形符号参见表 6-2-1。

表 6-2-1　常用电容器的图形符号

图形符号	⊣⊢	⊣⁺⊢	⟍⟋	⟍	⟍⟍
名　称	电容器	电解电容器	可变电容器	微调电容器	同轴双可变电容器

四、电容器的型号及命名方法

根据国标 GB 2470—1995 的规定，电容器的产品型号一般由四部分组成，各组成部分的含义参见表 6-2-2。

例如，某电容器的型号为 CJX—250—0.33— ±10%，其中 C 表示主称为电容；J 表示材料为金属化介质；X 表示特征为小型；250 表示耐压为 250V；0.33 表示标称容量为 0.33μF；±10%表示允许误差为±10%。

五、电容器的主要参数

电容器的主要参数有电容量和耐压值。

（1）电容器储存电荷的能力称为电容量，简称容量。在国际单位制中，电容的单位是法拉，简称法，符号是 F。电容器的容量一般非常小，法拉（F）这个单位太大，实际中常用较小的单位，即微法（μF）和皮法（pF）。它们的换算关系是：$1F=10^6 \mu F=10^{12} pF$。

表 6-2-2 电容器型号中各组成部分的含义

第 一 部 分		第 二 部 分		第 三 部 分		第 四 部 分
用字母表示主称		用字母表示材料		用字母表示特征		用数字或字母表示序号
符 号	意 义	符 号	意 义	符 号	意 义	意 义
C	电容器	C	瓷介	T	铁电	包括品种、尺寸代号、温度特性、直流工作电压、标称值、允许误差、标准代号等
		I	玻璃釉	W	微调	
		O	玻璃膜	J	金属化	
		Y	云母	X	小型	
		V	云母纸	S	独石	
		Z	纸介	D	低压	
		J	金属化介质	M	密封	
		B	聚苯乙烯	Y	高压	
		F	聚四氟乙烯	C	穿心式	
		L	涤纶			
		S	聚碳酸脂			
		Q	漆膜			
		H	纸膜复合			
		D	铝电解			
		A	钽电解			
		G	金属电解			
		N	铌电解			
		T	钛电解			
		M	压敏			
		E	其他电解材料			

（2）耐压值是电容器的另一个主要参数，表示电容器在连续工作中所能承受的最高电压。耐压值一般直接印在电容器上，也有一些体积很小的小容量电容器不标注耐压值。电路图中对电容器耐压的要求一般直接用数字标出，如图 6-2-7 所示。电路图中未作标注的电容器可根据电路的电源电压来选用。使用中应保证加在电容器两端的电压不超过其耐压值，否则将会损坏电容器。

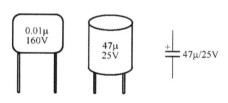

图 6-2-7 电容器耐压值的标识

六、电容器的识别与检测

1．电容器的识别

1）电容器的容量值标注方法

（1）字母数字混合标注法。

字母数字混合标注法是国际电工委员会推荐的标注方法。这种方法用 2～4 位数字和 1 个字母表示标称容量，其中数字表示有效数值，字母表示数值的单位（量级），如图 6-2-8 所示。其中 m 代表 3/1000，即 10^{-3}；μ代表 3/1 000 000，即 10^{-6}；n 代表 3/1 000 000 000，即 10^{-9}；p 代表 3/1 000 000 000 000，即 10^{-12}。

字母有时既表示单位也表示小数点。

例如，3μ3 表示 3.3μF；μ22 表示 0.22μF；47n 表示 47nF（47nF=47×10^{-3}μF=0.047μF）；5n1 表示 5.1nF（5.1nF=5.1×10^3pF=5100pF）；2p2 表示 2.2pF。

（2）数字直接标注法。

数字直接标注法是用 1~4 位数字标注，不标注单位，如图 6-2-8 所示。

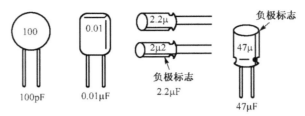

图 6-2-8　电容器的直接标注和混合标注

① 当数字部分大于 1 时，其单位为 pF（皮法）。

例如，3300 表示 3300pF；680 表示 680pF；7 表示 7pF。

② 当数字部分大于 0 小于 1 时，其单位为 μF（微法）。

例如，0.056 表示 0.056μF；0.1 表示 0.1μF。

（3）数码表示法。

数码表示法一般用 3 位数字表示电容量的大小。3 位数字中的前两位数字为电容器标称容量的有效数字，第 3 位数字表示 10 的 n 次方（即有效数字后面零的个数），其单位是 pF，如图 6-2-9 所示。

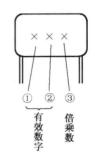

图 6-2-9　电容器的数码表示法

注意：在 n=0~7 时是表示 10 的 n 次方，但是当 n=9 时，不表示 10 的 9 次方，而表示为 10 的 −1 次方（10^{-1}=0.1）；n=8 时是 10 的 −2 次方（10^{-2}=0.01）。

例如，221 表示 22×10^{1}=22×10=220pF；102 表示 10×10^{2}=10×100=1000pF；473 表示 47×10^{3}=47×1000=47000pF=0.047μF；508 表示 50×10^{-2}=50×0.01=0.5pF；159 表示 15×10^{-1}=15×0.1=1.5pF。

通常，这种标注方法还用于贴片电容器的标注。

（4）色码表示法。

色码表示法是用不同颜色的色环或色点来表示电容器的主要参数，其颜色含义和识别方法与电阻色码基本相同。第 1、第 2 色码为数字的有效位，第 3 色码为倍乘数，第 4 色码为误差范围，第 5 色码为温度系数，其单位为皮法（pF）。

2）电容器容量误差的表示方法

电容器容量误差的表示方法有以下三种。

（1）直接表示法。

直接表示法即把电容量的绝对误差范围直接标注在电容器上，如 2.2±0.2pF。

（2）字母表示法。

在表示电容量的有效数字后面用字母表示允许误差等级，各字母代表的允许误差值参见表 6-2-3。常用的允许误差等级为 J、K、M。

例如，102K 表示该电容器的容量是 1000pF，误差为 ±10%。473M 表示该电容器的容量是 47000pF（0.047μF），误差为 ±20%。334K 表示该电容器的容量是 0.33μF，误差为 ±10%。103P 表示该电容器的容量是 0.01μF，误差为 +100%；注意不要把 P 误认为是电容器的单位 pF。

表 6-2-3　电容器允许误差等级表

字母（误差等级）	允许误差值
C	±0.25%
D	±0.5%
F	±1%
G	±2%
H	±3%
J	±5%
K	±10%
M	±20%
N	±30%
P	+100%～−20%
S	+50%～−20%
Z	+80%～−20%

（3）数字表示法。

数字表示法用阿拉伯数字和罗马数字来表示电容器的精度等级，各精度等级所对应的允许误差参见表 6-2-4。

表 6-2-4　电容器的精度等级与允许误差对照表

精度等级	00（01）	0（02）	Ⅰ	Ⅱ	Ⅲ	Ⅳ	Ⅴ	Ⅵ
允许误差	±1%	±2%	±5%	±10%	±20%	+20% −10%	+50% −20%	+50% −30%

一般电容器常用Ⅰ、Ⅱ、Ⅲ级，电解电容器常用Ⅳ、Ⅴ、Ⅵ级，应根据实际用途选取。

3）电容器耐压值的标注

电容器的耐压值有两种标注方式。一种方式是把耐压值直接印在电容器上，如电解电容器通常直接在外壳上标注耐压值。另一种方式是采用 1 个数字和 1 个字母组合而成，其中数字表示 10 的幂指数，字母表示数值，单位是 V（伏），参见表 6-2-5。

表 6-2-5　电容器的耐压值与字母代号对照表

字　母	A	B	C	D	E	F	G	H	J	K	Z
耐压值	1.0	1.25	1.6	2.0	2.5	3.15	4.0	5.0	6.3	8.0	9.0

例如，1J 代表 $6.3×10^1=6.3×10=63$（V）；1K 代表 $8.0×10^1=8.0×10=80$（V）；2F 代表 $3.15×10^2=3.15×100=315$（V）；3A 代表 $3.0×10^3=1.0×1000=1000$（V）。数字最大值为 4，如 4Z 代表 90000V。

4）电容器的检测

电容器的好坏可用万用表的电阻挡检测。检测时，首先根据电容器容量的大小，将万用表置于合适的欧姆挡。例如，100μF 以上的电容器用 "R×100" 挡，1～100μF 的电容器用 "R×1k" 挡，1μF 以下的电容器用 "R×10k" 挡，如图 6-2-10 所示。

检测时，将万用表的两表笔（不分正、负）分别与电容器的两引线相接，在刚接触的一瞬间，表针应向右偏转，然后缓慢向左回归，如图 6-2-11 所示。对调两表笔后再测，表针应重复以上过程。电容器容量越大，表针右偏幅度越大，向左回归也越慢。对于容量小于 0.01μF 的电容器，由于充电电流极小，几乎看不出表针右偏，只能检测其是否短路。

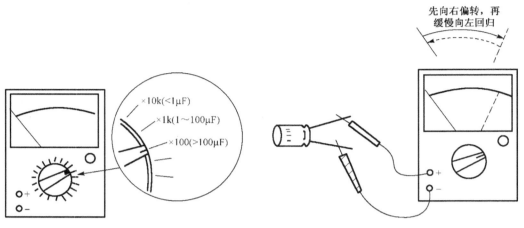

图 6-2-10　检测电容器时万用表挡位的选择　　　　图 6-2-11　电容器的检测

如果万用表表针不动，说明该电容器已断路损坏，如图 6-2-12 所示；如果表针向右偏转后不向左回归，说明该电容器已短路损坏，如图 6-2-13 所示；如果表针向右偏转然后向左回归稳定后，指示阻值小于 500kΩ，如图 6-2-14 所示，说明该电容器绝缘电阻太小，漏电流较大，也不宜使用。

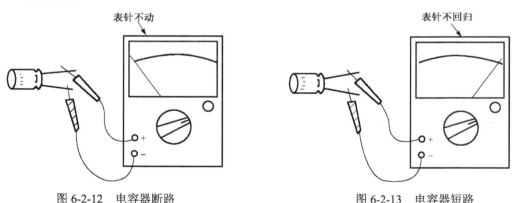

图 6-2-12　电容器断路　　　　　　　　　　图 6-2-13　电容器短路

对于正、负极标志模糊不清的电解电容器，可用测量其正、反向绝缘电阻的方法，判断出其引脚的正、负极。具体方法是：用万用表"R×1k"挡测出电解电容器的绝缘电阻值，将红、黑表笔对调后再测出第二个绝缘电阻值。两次测量中，绝缘电阻值较大的那一次，黑表笔（与万用表中电池正极相连）所接为电解电容器的正极，红表笔（与万用表中电池负极相连）所接为电解电容器的负极，如图 6-2-15 所示。

5）检测注意事项

测量时，应注意以下几点：

（1）测量焊接在电路中的电容器以前，必须关掉电源。

（2）为了消除相连元件对测量的影响，可以将电容器的一个引脚焊开，脱离电路。

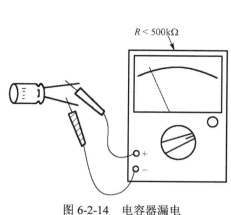

图 6-2-14　电容器漏电

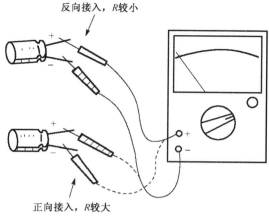

图 6-2-15　电解电容器极性的判别

（3）测量者的手不能同时触及被测电容器的两端，以免人体电阻并联在上面，引起测量误差。

（4）对于高压大容量的电容器，测量前应该先将两引脚短接一下放电，以避免电容器储存的电能对万用表放电而损坏万用表。在交换引脚进行第二次测量时，也应先短接两引脚进行放电，以便释放上次测量中充电累积的电荷。

6）电容器的主要故障

电容器的主要故障有以下两点：

（1）击穿、短路。

（2）漏电、容量减小、变质失效（多数是电解电容器因超出使用年限，电解液干涸而失效）。

任务三　小型变压器的识别与检测

【任务情境】

人们日常生活中的各种充电器，有电动剃须刀的、有 MP3 的、有电子琴的……这类充电器里面的电路结构是怎样的呢？又是怎么利用照明线路的交流电给手机等充电的呢？

【任务描述】

画出变压器的符号；说出变压器的结构和简单的工作原理；识别不同型号的小型变压器；用万用表对小型变压器进行检测。

【计划与实施】

一、认一认

图 6-3-1 中各是什么类型的变压器？

图 6-3-1　变压器（一）

二、画一画

变压器的符号。

三、辨一辨

识别图 6-3-2 中各变压器的标注，将结果填写在下表中。

图 6-3-2　变压器（二）

序　号	标　注	识　别			检　测		判断是否合格
		主　称	特　征	意　义	量　程	阻　值	
1							
2							
3							
4							

四、测一测

使用万用表测量各个变压器，进一步完成上表，并判断变压器是否合格。

【练习与评价】

一、练一练

1．判断题

（1）变压器是利用电磁感应原理制成的一种静止电气设备。
（2）判别变压器的一次侧、二次侧绕组，可根据变压器外观来识别。
（3）检测变压器的绝缘电阻，可将万用表置于 R×10k 挡测量。
（4）行输出变压器又称为逆行程变压器，接在电视机行扫描的输出级。
（5）一般用万用表的 R×1k 挡来测量绕组的电阻值，可判断绕组有无短路或断路。
（6）小型电源变压器一次侧绕组的阻值小于二次侧绕组的阻值。

2．实践操作题

用万用表测量各种不同变压器的一次侧绕组电压和二次侧绕组电压。

二、评一评

请反思在本任务进程中你的收获和疑惑，写出你的体会和评价。

任务总结与评价表

内　　容	收　　获	疑　　惑
获得知识		
掌握方法		
习得技能		
学习体会		
学习评价	自我评价	
	同学互评	
	老师寄语	

【任务资讯】

一、变压器的电路符号及作用

（1）变压器的电路符号

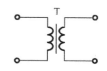

图 6-3-3　变压器的电路符号和文字符号

变压器的电路符号如图 6-3-3 所示，T 是它的文字符号。

（2）变压器的作用

变压器是利用电磁感应原理制成的一种静止电气设备。变压器的主要作用就是改变交流电压。

我们知道，日常生活和生产中需要各种不同的交流电压。如工厂中的动力设备用的电压是 380V，而照明用电的电压是 220V，还有些安全要求较高的场合还需要安全电压（如 36V、24V 等）。如果采用输出电压不同的发电机分别供电，那是不可能的，也是不现实的。所以实际上人们现在用的不同电压值的交流电压都是通过变压器进行变换得到的。

当然变压器还可以用来改变交流电流、变换阻抗、改变相位。变压器是供（配）电、电子技术和电工测量中十分重要的电气设备。

二、变压器的分类

变压器是用于变换电路中电压、电流和阻抗的器件，按其工作频率的高低可分为低频变压器、中频变压器、高频变压器和行输出变压器，如图 6-3-4 所示。

低频变压器　　　　中频变压器(中周)　　　行输出变压器　　　　高频变压器

图 6-3-4　各种变压器

1. 低频变压器

低频变压器又分为音频变压器和电源变压器两种，它主要用于阻抗变换和交流电压变换的场合。音频变压器的主要作用是实现阻抗匹配、信号耦合、将信号倒相等，因为只有在电路阻抗匹配的情况下，音频信号的传输损耗及其失真才能降到最小；电源变压器可将 220V 交流电压升高或降低，变成所需的各种交流电压。

2．中频变压器

中频变压器是超外差式收音机和电视机中的重要元件，又称中周。中周的磁芯和磁帽是用高频或低频特性的磁性材料制成的，低频磁芯用于收音机，高频磁芯用于电视机和调频收音机。中周的调谐方式有单调谐和双调谐两种，收音机多采用单调谐电路。常用的中周有 TFF—1、TFF—2、TFF—3 等型号，主要用于收音机；10TV21、10LV23、10TS22 等型号，主要用于电视机。中频变压器的适用频率范围为几千赫兹到几十兆赫兹，在电路中起选频和耦合等作用，在很大程度上决定了接收机的灵敏度、选择性和通频带。

3．高频变压器

高频变压器又分为耦合线圈和调谐线圈两类。调谐线圈与电容可组成串、并联谐振回路，用于选频等场合。天线线圈、振荡线圈等都是高频线圈。

4．行输出变压器

行输出变压器又称为逆行程变压器，接在电视机行扫描的输出级，将逆行程反峰电压经过升压、整流、滤波，为显像管提供阳极高压、加速极电压、聚焦极电压以及其他电路所需的直流电压。最新产品均为一体化行输出变压器。

三、变压器的型号及命名

变压器型号的命名由三部分组成。

第一部分：主称，用字母表示；

第二部分：功率，用数字表示，计量单位用伏·安（V·A）或瓦（W）表示，但 RB 型变压器除外；

第三部分：序号，用数字表示。

主称部分字母表示的意义参见表 6-3-1。

表 6-3-1　变压器型号中主称部分字母表示的意义

字　母	意　义	字　母	意　义
DB	电源变压器	HB	灯丝变压器
CB	音频输出变压器	SB 或 ZB	音频（定阻式）输送变压器
RB	音频输入变压器	SB 或 EB	音频（定压式或自耦式）变压器
GB	高频变压器		

四、变压器的主要参数

1．额定功率

额定功率是指在规定的频率和电压下，变压器能长期工作而不超过规定温升的最大输出视在功率，单位为 V·A。

2．效率

效率是指在额定负载时变压器的输出功率与输入功率的比值，即

$$\eta = (P_2/P_1)\times100\%$$

3. 绝缘电阻

绝缘电阻是表征变压器绝缘性能的一个参数，是施加在绝缘层上的电压与漏电流的比值，包括绕组之间、绕组与铁芯及外壳之间的绝缘阻值。由于绝缘电阻很大，一般只能用兆欧表（或万用表的 R×10k 挡）测量其阻值。如果变压器的绝缘电阻过低，在使用中机壳可能带电甚至将变压器绕组击穿烧毁。

五、小型电源变压器的结构特点及工作原理

1. 结构特点

小型电源变压器广泛应用于电子仪器中，它一般有 1～2 个一次侧绕组和几个不同的二次侧绕组，这样的变压器也称多绕组变压器，可以根据实际需要连接组合，以获得不同的输出电压，小型电源变压器的外形如图 6-3-5 所示。

图 6-3-5 小型电源变压器的外形

2. 工作原理

图 6-3-6 所示为多绕组变压器的工作原理。图 6-3-6(a)中有两个一次侧绕组，接入 110V 电网时，两个绕组可单独使用或并联使用；当供电电网电压为 220V 时，可将两个绕组串联起来使用。注意：绕组串联时应将绕组的异名端相接，绕组并联时应将同名端相接。

图 6-3-6(a)所示的多绕组变压器，各二次侧和一次侧绕组的电压关系仍符合变压比的关系，即

$$\frac{U_1}{U_2} = \frac{N_1}{N_2}$$

$$\frac{U_1}{U_3} = \frac{N_1}{N_3}$$

图 6-3-6(b)中一次侧只有一个绕组，额定是电压为 220V，而二次侧绕组可根据需要自由选择连接，它可获得 3V、6V、9V、12V、15V、21V 及 24V 等不同数值的电压。

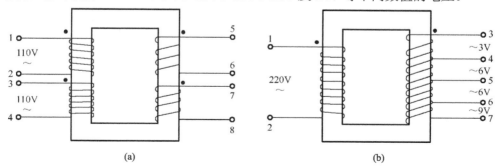

图 6-3-6 多绕组变压器的工作原理

六、小型电源变压器的识别与检测

检测小型电源变压器主要是测试变压器的直流电阻和绝缘电阻两个参数。

1. 直流电阻的测量

由于变压器的直流电阻很小，所以一般用万用表的 R×1 挡来检测绕组的电阻值，可判断绕组有无短路或断路现象。某些晶体管收音机中使用的输入、输出变压器，由于它们体积相同，外形相似，一旦标注脱落，直观上很难区分，此时可根据其线圈直流电阻值进行区分。一般情况下，输入变压器的直流电阻值较大，一次侧阻值多为几百欧，二次侧阻值多为一二百欧；输出变压器的一次侧阻值多为几十欧至上百欧，二次侧阻值多为零点几欧至几欧。

2. 绝缘电阻的测量

变压器各绕组之间，以及绕组和铁芯之间的绝缘电阻可用 500V 或 1000V 兆欧表（摇表）进行测量。不同的变压器，应选择不同的摇表。一般电源变压器和扼流圈应选用 1000V 摇表，其绝缘电阻应不小于 1000MΩ；晶体管输入变压器和输出变压器用 500V 摇表，其绝缘电阻应不小于 100MΩ。若无摇表，也可用万用表的 R×10k 挡进行测量，测量时表头指针应不动（相当于电阻为∞）。

任务四　二极管和整流堆的识别与检测

【任务情境】

有了变压器，可以把照明电路的电压变为所需要的 12V、10V、8V、6V 等，这样是不是就可以直接给用电器充电了呢？如果还不行，还要加上哪些元器件呢？

【任务描述】

画出二极管和整流堆的符号；识别、检测二极管和桥式整流堆；按要求选用二极管和桥式整流堆。

【计划与实施】

一、认一认

图 6-4-1 中各是什么二极管和整流堆？

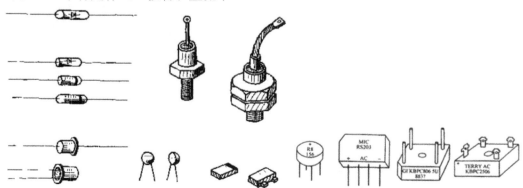

图 6-4-1　二极管和整流堆

二、画一画

二极管和整流堆的符号。

三、辨一辨

识别下面各种型号二极管的类型，将结果填写在下表中。

1N4007   1N4148   1N4728   1N4739

序　号	标　注	材　料	检　测				判断是否合格
			正　向　电　阻		反　向　电　阻		
			量　程	阻　值	量　程	阻　值	
1							
2							
3							
4							

四、测一测

使用万用表测量各个二极管，进一步完成上表，并判断二极管是否合格。

【练习与评价】

一、练一练

1. 判断题

（1）二极管按其制造材料的不同，可分为锗管和硅管两大类。

（2）二极管具有单向导电特性。

（3）如果某二极管正、反向电阻值均为无穷大，则该二极管内部断路。

（4）整流就是把直流电变为交流电的过程。

（5）四只整流二极管接成电桥形式，故称"桥式整流"。

（6）整流全桥坏了，可找任意4只二极管来代替。

2. 实践操作题

（1）判别整流全桥的各电极。

（2）判断整流全桥各电极间的正、反向电阻及其质量优劣，并将测量结果填入下表。

型　号	A、B间阻值		B、C间阻值		C、D间阻值		D、A间阻值		质　量	
	正向	反向	正向	反向	正向	反向	正向	反向	好	坏

二、评一评

请反思在本任务进程中你的收获和疑惑，写出你的体会和评价。

任务总结与评价表

内　　容		收　　获	疑　　惑
获得知识			
掌握方法			
习得技能			
学习体会			
学习评价	自我评价		
	同学互评		
	老师寄语		

【任务资讯】

一、二极管的符号

晶体二极管简称二极管，是一种常用的具有一个 PN 结的半导体器件。二极管的文字符号为"VD"，图形符号如图 6-4-2 所示。

二、二极管的分类

二极管品种很多，大小各异，仅从外观上看，较常见的有玻璃壳二极管、塑封二极管、金属壳二极管、大功率螺栓状金属壳二极管、微型二极管和片状二极管，如图 6-4-3 所示。

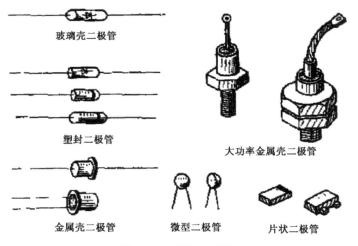

图 6-4-2　二极管的文字符号和图形符号

玻璃壳二极管

塑封二极管

大功率金属壳二极管

金属壳二极管　　微型二极管　　片状二极管

图 6-4-3　各种二极管

二极管按其制造材料的不同，可分为锗管和硅管两大类，每一类又分为 N 型和 P 型；按其制造工艺的不同，可分为点接触型二极管和面接触型二极管；按功能与用途的不同，可分为一般二极管和特殊二极管两大类，一般二极管包括检波二极管、整流二极管、开关二极管等，特殊二极管主要有稳压二极管、敏感二极管（磁敏二极管、温度效应二极管、压敏二极管等）、变容二极管、发光二极管、光电二极管和激光二极管等。没有特别说明时，二极管即指一般二极管。

三、二极管的型号及命名方法

国产二极管的型号命名由五部分组成。第一部分用数字"2"表示二极管，第二部分用字母表示器件的材料和极性，第三部分用字母表示器件的类型，第四部分用数字表示序号，第五部分用字母表示规格。

二极管型号中各部分的含义参见表 6-4-1。例如，2AP9 表示 N 型锗材料普通二极管，2CZ55A 表示 N 型硅材料整流二极管，2CK71B 表示 N 型硅材料开关二极管。

表 6-4-1　二极管型号中各部分的含义

第一部分		第二部分		第三部分		第四部分	第五部分
用数字表示器件的电极数目		用字母表示器件的材料和类型		用字母表示器件的类型		用数字表示序号	用字母表示规格
符号	意义	符号	意义	符号	意义	意义	意义
2	二极管	A B C D	N 型，锗材料 P 型，锗材料 N 型，硅材料 P 型，硅材料	P V W C Z S GS K	普通管 混频检波器 稳压管 变容器 整流管 隧道管 光电子显示器 开关管	反映了极限参数、直流参数和交流参数等的差别	承受反向击穿电压的程度。如规格号为 A、B、C、D…。其中 A 可承受的反向击穿电压最低，B 次之…

四、二极管的参数

二极管的参数很多，常用的检波、整流二极管的主要参数有最大整流电流 I_{FM}、最大反向电压 U_{RM} 和最高工作频率 f_M。

（1）最大整流电流 I_{FM} 是指二极管长期连续工作时，允许正向通过 PN 结的最大平均电流。实际使用中工作电流应小于二极管的 I_{FM}，否则将损坏二极管。

（2）最大反向电压 U_{RM} 是指反向加在二极管两端而不致引起 PN 结击穿的最大电压。使用中应选用 U_{RM} 大于实际工作电压 2 倍以上的二极管，如果实际工作电压的峰值超过 U_{RM}，二极管将被击穿。

（3）最高工作频率 f_M。由于 PN 结极间电容的影响，使二极管所能应用的工作频率有一个上限。f_M 是指二极管能正常工作的最高频率。在检波或高频整流电路中，应选用 f_M 至少 2 倍于电路实际工作频率的二极管，否则电路将不能正常工作。

五、二极管的作用

二极管具有单向导电特性，只允许电流从正极流向负极，而不允许电流从负极流向正极，如图 6-4-4 所示。锗二极管和硅二极管在正向导通时具有不同的正向管压降。如图 6-4-5 所示为锗二极管的伏安特性曲线，当所加正向电压大于正向管压降时，锗二极管导通。锗二极管的正向管压降约为 0.3V。如图 6-4-6 所示为硅二极管的伏安特性曲线，当所加正向电压大于正向管压降时，硅二极管导通。硅二极管的正向管压降约为 0.7V。另外，硅二极管的反向漏

电流比锗二极管小得多。从以上伏安特性曲线可见，二极管的电压与电流为非线性关系，因此二极管是非线性半导体器件。

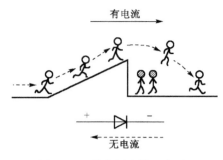

图 6-4-4　单向导电性示意图

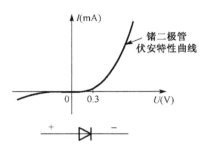

图 6-4-5　锗二极管的伏安特性曲线

六、二极管的识别与检测

1. 二极管的识别

二极管两引脚有正、负极之分，如图 6-4-7 所示。二极管电路符号中，三角一端为正极，短杠一端为负极。二极管实物中，有的将电路符号印在二极管上标注极性，有的在二极管负极一端印上一道色环作为负极标志，有的二极管两端形状不同，平头为正极，圆头为负极，使用中应注意识别。

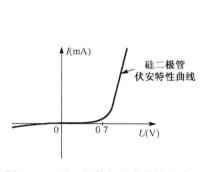

图 6-4-6　硅二极管的伏安特性曲线

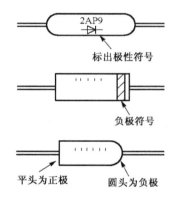

图 6-4-7　常用二极管的引脚极性

2. 二极管的检测

检测时，将万用表置于 R×1k 挡，两表笔分别接到二极管的两端，如果测得的电阻值较小，则为二极管的正向电阻，这时与黑表笔（即表内电池正极）连接的是二极管正极，与红表笔（即表内电池负极）连接的是二极管负极，如图 6-4-8(a) 所示。如果测得的电阻值很大，则为二极管的反向电阻，这时与黑表笔连接的是二极管负极，与红表笔连接的是二极管正极，如图 6-4-8(b) 所示。

正常的二极管，其正、反向电阻的阻值应该相差很大，且反向电阻接近于无穷大。如果某二极管正、反向电阻值均为无穷大，说明该二极管内部断路损坏；如果正、反向电阻值均为 0，说明该二极管已被击穿短路；如果正、反向电阻值相差不大，说明该二极管质量太差，也不宜使用。

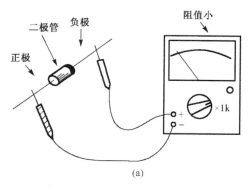
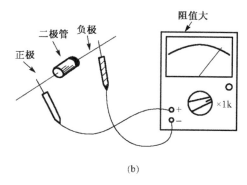

图 6-4-8　二极管的检测

　　由于锗二极管和硅二极管的正向管压降不同，因此可以用测量二极管正向电阻的方法来区分锗二极管和硅二极管。如图 6-4-9(a)所示，如果正向电阻小于 $1k\Omega$，则为锗二极管。如果正向电阻为 $1\sim5k\Omega$，则为硅二极管，如图 6-4-9(b)所示。

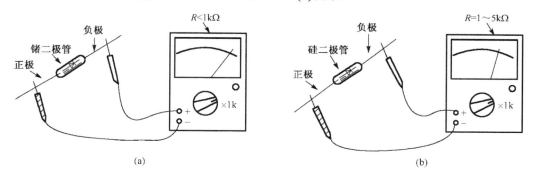

图 6-4-9　锗管和硅管的判别

七、桥式整流电路

　　电力网供给用户的是交流电，而各种无线电装置需要用直流电。整流就是把交流电转换为直流电的过程。利用具有单向导电特性的二极管，可以把方向和大小交变的交流电转换为直流电。下面介绍利用二极管组成的桥式整流电路。

　　桥式整流电路如图 6-4-10 所示，其中图(a)、(b)、(c)是它的三种不同画法。它是由电源变压器 T、四只整流二极管 $VD_1\sim VD_4$ 和负载电阻 RL 组成的。四只整流二极管接成电桥形式，故称"桥式整流"。

八、桥式整流堆的符号及其内部电路

　　把四只硅整流二极管接成桥式电路后，再用环氧树脂（或绝缘塑料）封装成一个半导体器件，称"硅桥"或"桥堆"或"整流堆"，其电路组成简单、可靠，使用方便，整流电路也常简化为图 6-4-10(c)所示的形式。

　　整流桥堆一般用于全波整流电路中，它又分为全桥与半桥两种。

　　全桥是由四只整流二极管按桥式全波整流电路的形式连接并封装为一体构成的，图 6-4-11(a)和图 6-4-11(b)分别是其电路图形符号与内部电路，图 6-4-12 是其外形。

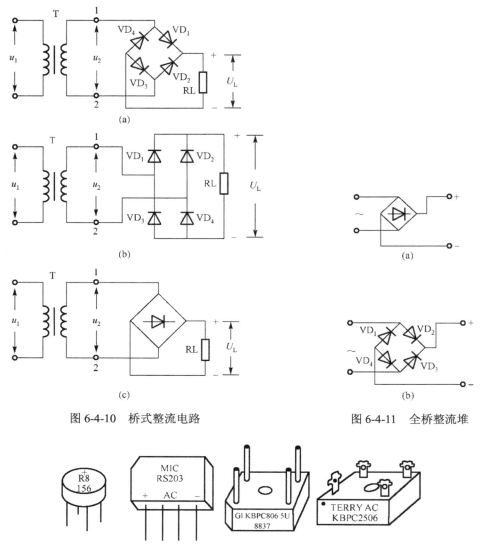

图 6-4-10　桥式整流电路　　　　图 6-4-11　全桥整流堆

图 6-4-12　整流堆的外形

九、桥式整流堆的引脚排列

（1）长方形全桥组件：输入、输出端直接标在组件表面上，"～"表示交流输入端，"+"、"−"表示直流输出端。

（2）圆柱体全桥组件：组件的表面如果只有"+"，那么相对的那端为"−"，余下两端为交流输入端。

（3）扁形全桥组件：除直接标明"+"、"−"极和交流接线符号外，通常以靠近缺角端的引脚为"+"（部分国产元件为"−"），中间两脚为交流输入端。

（4）大功率方形全桥组件：这类全桥由于工作电流大，使用时应外加散热器。一般不标注型号和极性，可在侧面边上寻找正极性标志。正极的对角线上的引脚为负极，余下的两端为交流端。

十、桥式整流堆的主要参数

桥式整流堆的主要参数有额定正向整流电流 I_0 和反向峰值电压 U_{RM}。

全桥的正向电流有 0.5A、1A、1.5A、2A、2.5A、3A、5A、10A、20A 等多种规格，耐压值（最高反向电压）有 25V、50V、100V、200V、300V、400V、500V、600V、800V、1000V 等多种规格。

常用的国产全桥有 QL 系列，进口全桥有 RB 系列、RS 系列等。

十一、桥式整流堆的选用常识

选择桥式整流堆时主要考虑其额定正向整流电流 I_0 和反向峰值电压 U_{RM} 是否满足要求，常用的硅桥（整流堆）为 QL 型。

在修理电子电路时，若没有与损坏的整流全桥型号一致的正常全桥，可选用四只整流二极管按图 6-4-11 所示的连接方法代替原桥堆。选用的整流二极管的耐压值及整流电流值都应大于或等于原电路的要求。

十二、桥式整流堆的识别与检测

1. 国产全桥整流堆的几种标注方法

1）直接用数字标注 I_0 和 U_{RM} 的值

例如，QL1A/100 或者 QL1A100 表示正向电流为 1A，反向峰值电压为 100V 的全桥。

2）字母表示 U_{RM}，数字表示 I_0

字母与 U_{RM} 值的对应关系如下：

字 母	A	B	C	D	E	F	G	H	J	K	L	M
电压（V）	25	50	100	200	300	400	500	600	700	800	900	1000

例如，QL2AF 表示 2A、400V 的全桥。

3）字母表示 U_{RM}，数字码表示 I_0

数字和 I_0 值的对应关系如下：

数 字	1	2	3	4	5	6	7	8	9	10
电流（A）	0.05	0.1	0.2	0.3	0.5	1	2	3	5	10

例如，QL2B 表示 0.1A、50V 的全桥。当数字大于 10 时，可查阅有关产品的介绍。

2. 桥式整流堆的检测

整流全桥的极性可用万用表的电阻挡进行检测。如图 6-4-13 所示，首先将万用表置于 R×1k 挡，黑表笔接桥堆的一只引脚，红表笔分别测量其余三只引脚。如果测得的结果是无穷大（"∞"），则黑表笔所接的引脚

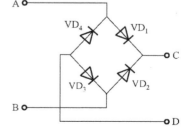

图 6-4-13 整流堆检测用图

为桥堆的输出正极（C端）；如果测得的阻值为4～10kΩ，则黑表笔所接的引脚为桥堆的输出负极（D端），剩余的两只引脚就是桥堆的交流引入脚（A、B）。

整流全桥的质量也可通过用万用表测量桥堆引脚间的电阻值来判别，其测量方法参见表6-4-2。

表6-4-2 整流全桥的质量检测

红表笔所接的端脚	A	B	C	分别去测A、B	分别去测A、B、D
黑表笔所接的端脚	B	A	D	D	C
正常电阻值（kΩ）	∞		8～10	4～10	∞
故障电阻值（kΩ）	电阻值变小或等于零		<3 或>10	<3 或>10	电阻值变小或等于零
万用表挡位	R×10k		R×1k		R×10k

 ## 任务五　集成稳压器的识别与检测

【任务情境】

市电经过变压、整流之后，就是所需要的直流电吗？在电压波动时，用什么元器件可以稳定电压呢？

【任务描述】

画出集成稳压器的符号；说出集成稳压器的作用；识别和检测集成稳压器。

【计划与实施】

一、认一认

图6-5-1中各是什么集成稳压器？

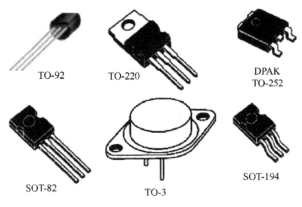

TO-92　　TO-220　　DPAK TO-252

SOT-82　　TO-3　　SOT-194

图6-5-1　集成稳压器

二、画一画

集成稳压器的符号。

三、辨一辨

识别下面各种型号集成稳压器的类型，将空格填写好。

CW7809：_____系列，_____（正，负）电压输出。

CW7912：_____系列，_____（正，负）电压输出。

CW117：_____系列，_____（正，负）电压输出。

CW337：_____系列，_____（正，负）电压输出。

四、测一测

使用万用表测量上述各个集成稳压器，并判断集成稳压器是否合格。

【练习与评价】

一、练一练

1．判断题

（1）集成稳压器其内部电路与分立元件串联稳压电路相似，包括取样、基准、比较放大和调谐等单元电路。

（2）78系列三端稳压器输出负极性电压。

（3）集成稳压器按输出电压是否可调可分为固定式和可调式两大类。

（4）集成稳压器的输入、输出端随便接。

（5）集成稳压器型号中的"W"代表稳压器。

2．实践操作题

准备78系列集成稳压器若干只，进行集成稳压器的识别与检测训练，并将结果填写在下表中。

标　注	识　别	测各引脚间阻值						测量稳压值	判断是否合格
	输出电压 / V	1、2	2、1	2、3	3、2	1、3	3、1		

二、评一评

请反思在本任务进程中你的收获和疑惑，写出你的体会和评价。

任务总结与评价表

内 容		收 获	疑 惑
获得知识			
掌握方法			
习得技能			
学习体会			
学习评价	自我评价		
	同学互评		
	老师寄语		

【任务资讯】

一、集成稳压器的特点

随着半导体工艺的发展，稳压电路也制成了集成器件。由于集成稳压器具有体积小、外接线路简单、使用方便、工作可靠和通用性等优点。因此在各种电子设备中应用种类很多，应根据设备对直流电压的要求来进行选择。对于大多数电子仪器、设备和电子电路来说，通常是选用串联线性集成稳压器。而在这种类型的器件中，又以三端稳压器应用最为广泛。

集成稳压器其内部电路与分立元件串联稳压电路相似，包括取样、基准、比较放大和调谐等单元电路，不同之处在于增加了过热、过电流保护电路。

二、集成稳压器的分类

集成稳压器按输出电压是否可调可分为固定式和可调式两大类。

集成稳压器按输出电压的极性可分为正电压输出和负电压输出两大类。

集成稳压器按结构可分为三端固定稳压器（如 CW78×× 系列和 CW79×× 系列，其中 CW78×× 系列为正电压输出，CW79×× 系列为负电压输出）；三端可调集成稳压器（如 CW117/217/317 输出的是正电压；CW137/237/337 输出的是负电压）；多端稳压器（如五端稳压器 CW200）。

其中，CW78××、CW79×× 系列三端集成稳压器的输出电压是固定的，在使用中不能进行调整。CW78×× 系列三端稳压器输出正极性电压，一般有 5V、6V、9V、12V、15V、18V、24V 七个档次，输出电流最大可达 1.5A（加散热片）。同类型 78M 系列稳压器的输出电流为 0.5A，78L 系列稳压器的输出电流为 0.1A。若要求负极性输出电压，则可选用 CW79×× 系列稳压器。图 6-5-2 为 CW78×× 系列稳压器的外形和接线图。它有三个引出端：输入端（不稳定电压输入端）标注"1"，输出端（稳定电压输出端）标注"3"，公共端标注"2"。

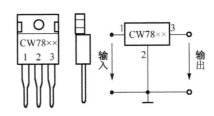

图 6-5-2　78 系列稳压器的外形和接线图

三、集成稳压器的型号及命名方法

集成稳压器的型号由两部分组成，如图 6-5-3 所示。

第一部分是字母，国标用"CW"表示，其中"C"代表中国，"W"代表稳压器。国外产品型号的字母部分有 LM（美国 NC 公司）、A（美国仙童公司）、MC（美国摩托罗拉公司）、

TA（日本东芝）、PC（日本日电）、HA（日立）、L（意大利 SGS 公司）等。第二部分是数字，表示不同的型号规格，国内外同类产品的数字意义完全一样。

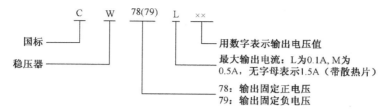

图 6-5-3　集成稳压器的型号构成

国产三端固定集成稳压器有 CW78×× 系列（正电压输出）和 CW79×× 系列（负电压输出），其输出电压有 ±5V、±6V、±8V、±9V、±12V、±15V、±18V、±24V 等，最大输出电流有 0.1A、0.5A、1A、1.5A、2.0A 等。

四、集成稳压器的典型用法

三端集成稳压器具有较完善的过流、过压和过热保护装置，其典型用法如图 6-5-4 所示。工作过程大致如下：从变压器输出的交流电压经过整流滤波后加至 CW78×× 的输入端，在 CW78×× 的输出端就可以得到直流稳压电压输出。电容器 C_I 用于减小纹波，对输入端过压也有抑制作用，电容器 C_O 可改善负载的瞬态响应（C_I、C_O 均取 0.33～1μF）。

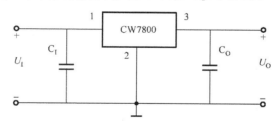

图 6-5-4　集成稳压器的典型用法

常用的集成稳压器参见表 6-5-1。应用电路中，通常集成稳压器输入电压应比输出电压高 2～3V。

五、集成稳压器的使用注意事项

在满负荷使用时，稳压块必须加装合适的散热片；防止将输入与输出端接反；避免接地端（GND）出现浮地故障；当稳压器输出端接有大容量电容器时，应在电压输入与输出端之间接一只保护二极管（二极管正极接电压输出端），以保护稳压块内部的大功率调整管。

六、集成稳压器的识别与检测

1. 测量各引脚之间的电阻值

用万用表测量 78 系列集成稳压器各引脚之间的电阻值，可以根据测量的结果粗略判断出被测集成稳压器的好坏。

表 6-5-1 集成稳压器的应用一览表

集成稳压器		引脚功能	输出电压 / V	应用电路
固定式	CW78×× 正压	78×× 输 地 输 入 出	电压挡级: 5、6、9、12、15、18、24	应用电路图 78×× U_I C_1 0.33μF C_2 0.1μF U_O
	CW79×× 负压	79×× 地 输 输 入 出	电压挡级: −5、−6、−9、−12、−15、 −18、−24	应用电路图 79×× U_I C_1 0.33μF C_2 0.1μF U_O
可调式	CW317 正压	W317 调 输 输 整 出 入	调整范围:1.2～37	应用电路图 W317 U_I C_1 0.1μF 240Ω R_1 RP C_2 10μF C_3 U_O
	CW337 负压	W337 调 输 输 整 入 出	调整范围:−1.2～−37	应用电路图 W337 U_I C 0.1μF 240Ω R_1 RP C_2 10μF C_3 U_O 1μF

用万用表 R×1k 挡正测和负测。正测是指黑表笔接稳压器的接地端,红表笔去依次接触另外两引脚;负测指红表笔接地端,黑表笔依次接触另外两引脚。

由于集成稳压器的品牌及型号众多,其电参数具有一定的离散性。通过测量集成稳压器各引脚之间的电阻值,也只能估测出集成稳压器是否损坏。若测得任意两引脚之间的正、反向电阻值均很小或接近 0Ω,则可判断该集成稳压器内部已击穿损坏。若测得任意两引脚之间的正、反向电阻值均为无穷大,则说明该集成稳压器已开路损坏。若测得集成稳压器的阻值不稳定,随温度的变化而改变,则说明该集成稳压器的热稳定性能不良。

2. 测量稳压值

即使测量集成稳压器的电阻值正常,也不能确定该稳压器就是完好的,还应进一步测量其稳压值是否正常。

测量时,可在被测集成稳压器的电压输入端与接地端之间加上一个直流电压(正极接输入端)。此电压应比被测稳压器的标称输出电压高 3V 以上(例如,被测集成稳压器是 7806,所加的直流电压就为 +9V),但不能超过其最大输入电压。

若测得集成稳压器输出端与接地端之间的电压值输出稳定，且误差在集成稳压器标称稳压值±5%的范围内，则说明该集成稳压器性能良好。

任务六　手工焊接技术

【任务情境】

有了这些元器件，就可以组装稳压电源了，怎样才能组装电路呢？需要哪些工具、材料和技术？

【任务描述】

图 6-6-1　工具和材料

选用电烙铁、焊料和助焊剂；知道手工焊接的一般流程和工艺；手工焊接单面电路板。

【计划与实施】

一、认一认

图 6-6-1 中是什么工具和材料？

二、说一说

说出图 6-6-2 所示的焊接步骤。

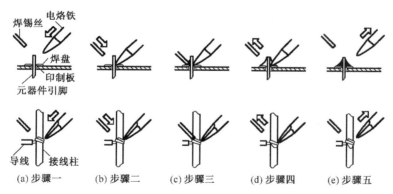

(a) 步骤一　　(b) 步骤二　　(c) 步骤三　　(d) 步骤四　　(e) 步骤五

图 6-6-2　焊接步骤

三、辨一辨

图 6-6-3 中哪个焊点最合适？

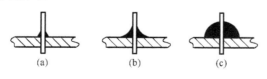

(a)　　　　　(b)　　　　　(c)

图 6-6-3　焊点

四、做一做

（1）处理一下新的电烙铁。

（2）用你处理过的新电烙铁尝试着焊接导线和电路板。

【练习与评价】

一、练一练

1．判断题

（1）一般印制电路板的焊接可选用 20～35W 的内热式电烙铁。

（2）新的电烙铁在第一次使用前，要预先给烙铁头"上锡"。

（3）元器件装插的顺序一般是先大后小、先高后低。

（4）导线在焊接前要先进行预焊。

（5）电烙铁停留的时间太短，焊锡不易完全熔化，会形成虚焊。

2．实践操作题

（1）五步焊接法的训练：截取长约 5cm 的漆包线 50 根，在万能印制电路板上进行焊接训练。

（2）电子元器件的焊接和拆焊训练：准备各种元器件若干，在万能印制电路板上进行成型、插装、焊接、拆焊训练。

二、评一评

请反思在本任务进程中你的收获和疑惑，写出你的体会和评价。

任务总结与评价表

内　　容		收　　获	疑　　惑
获得知识			
掌握方法			
习得技能			
学习体会			
学习评价	自我评价		
	同学互评		
	老师寄语		

【任务资讯】

在电子行业中，焊接工艺应用广泛。焊接工艺的质量，对电子电路以及整机的性能指标和可靠性有很大的影响。所以，焊接技术是电子技术人员和电子爱好者必须掌握的基本技术，需要多多练习才能正确地掌握焊接要领，熟练地进行焊接操作。

一、焊接的基础知识

1．定义

利用加热或其他方法，使焊料与被焊金属之间互相吸引、互相渗透，依靠原子之间的内聚力使两种金属达到永久牢固地结合，这种方法称为焊接。

2．钎焊

通过加热，把作为焊料的金属熔化成液态，将被焊接的固态金属（称为基体金属或母材）连接在一起，并在焊接部位发生化学反应的焊接方法，称为钎焊。

3．焊料

在钎焊中起连接作用的金属材料称为焊料。焊料的熔点应该低于被焊接基体金属的熔点。当钎焊中的焊料为锡铅合金时，称为锡钎焊，简称锡焊。利用电烙铁来进行锡焊是常用的焊接方式。

焊料是连接两个被焊物的媒介，关系到焊点的可靠性和牢固性。按组成成分，焊料可分锡铅焊料、银焊料、铜焊料等，在一般焊接中主要使用锡铅焊料。按熔点分，焊料可分为软焊料（熔点在450℃以下）和硬焊料（熔点高于450℃）。

焊锡丝是焊接元器件必备的焊料。一般要求熔点低、凝固快、附着力强、坚固、电导率高且表面光洁，其主要成分是锡铅合金。除丝状外，还有扁带状、球状、饼状等规格不等的成型材料。焊锡丝的直径有 1.5mm、2.0mm、2.5mm、3.0mm、4.0mm 等，焊接过程中应根据焊点大小和电烙铁的功率选择合适的焊锡，如图 6-6-4 所示。在其内部夹有松香，在焊接时一般不需要再加助焊剂。

4．助焊剂

助焊剂是清洁焊点的一种专用材料，是保证焊点可靠生成的催化剂。助焊剂是焊接过程的必需溶剂，它具有除氧化膜、防止氧化、减小表面张力、使焊点美观的作用，有碱性、酸性和中性之分。在印制电路板上焊接电子元器件，要求采用中性助焊剂。

松香是一种中性助焊剂，受热熔化变成液态，如图 6-6-5 所示。它无毒、无腐蚀性、异味小、价格低廉、助焊力强。在焊接过程中，松香受热汽化，将金属表面的氧化层带走，使焊锡与被焊金属充分结合，形成坚固的焊点。

图 6-6-4　焊锡丝

图 6-6-5　松香

二、锡焊

在电子技术中，大量采用锡铅焊料进行焊接，这种焊接方法就是锡焊。锡焊的优点是成本低、可靠性高、技术易于掌握、操作方便。

要使被焊接的金属与焊锡生成合金，实现良好的焊接，应具备以下几个条件：

（1）被焊接的金属应具有良好的可焊性。

（2）应选择性能合适的焊锡。

（3）选用助焊性能合适的助焊剂。

（4）焊锡应与被焊金属表面保持清洁接触。

（5）焊接时的温度要足够高。

（6）保持适当的焊接时间。

三、焊接的工具和材料

1．电烙铁

电烙铁是最常用的焊接工具，是一种电热器件。选择合适的电烙铁并正确地使用，是保证焊接质量的基础。它的工作原理是：在接通电源后，电流使发热体（通常是电阻丝）发热，并通过传热筒加热烙铁头，达到焊接温度后即可进行焊接工作。

电烙铁的种类很多，结构各有不同，但都是由发热部分、储热部分和手柄三部分组成的，如图 6-6-6 所示。发热部分也叫加热部分或加热器，或者称为能量转换部分，俗称烙铁芯，这部分的作用是将电能转换成热能；储热部分就是通常所说的烙铁头，它在得到发热部分传来的热量后，温度逐渐上升，并把热量积蓄起来。通常采用紫铜或铜合金制作烙铁头；手柄部分是直接同操作人员接触的部分，它应便于操作人员灵活舒适地操作。手柄一般由木料、胶木或耐高温塑料加工而成，通常为直式和手枪式两种。

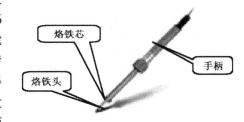

图 6-6-6　电烙铁的结构

常用的电烙铁按加热方式可分为外加热式和内加热式两大类。按功率分，有 15W、20W、25W、35W、40W、75W、100W、…、300W 等多种。按电烙铁的功能分，有单用式、两用式、调温式等。

1）外热式电烙铁

烙铁芯（发热元件）是用电阻丝绕在以薄云母片绝缘的筒子上的，烙铁头安装在芯子里面，因而称为外热式电烙铁，如图 6-6-7 所示。外热式电烙铁较牢固，使用寿命较长，但耗电较大、热效率较低、比较笨重，且成本较高。

2）内热式电烙铁

烙铁芯（发热元件）安装在烙铁头内，被烙铁头包起来，直接对烙铁头加热，故称为内热式电烙铁，如图 6-6-8 所示。内热式电烙铁具有耗电省、发热快、体积小、质量轻、便于操作等优点。一般电子制作使用 20～35W 的内热式电烙铁。

图 6-6-7 外热式电烙铁　　　　　　　图 6-6-8 内热式电烙铁

3）恒温电烙铁

在内热式电烙铁的基础上增加温度控制电路，使电烙铁的温度在一定范围内保持恒定，如图 6-6-9 所示。

4）调温电烙铁

普通的内热式烙铁增加一个功率、恒温控制器（常用晶闸管电路调节）。使用时可以改变供电的输入功率，可调温度范围为 100～400℃。适合焊接一般小型电子元件和印制电路，如图 6-6-10 所示。

图 6-6-9 恒温电烙铁　　　　　　　　图 6-6-10 调温电烙铁

5）吸锡电烙铁

吸锡电烙铁主要用于在装配修理工作中拆换已经焊接的电子元器件。它是进行手工拆焊最方便的工具之一，如图 6-6-11 所示。

6）热风电烙铁

热风电烙铁也称热风枪，准确地讲它不属于电烙铁，它使用热风作为热源。热风电烙铁工作时，发出定向热风，此时热风附近空间就升温，达到焊接目的，如图 6-6-12 所示。

图 6-6-11 吸锡电烙铁　　　　　　　图 6-6-12 热风电烙铁

2. 电烙铁的选用

根据元器件特点，在实际使用过程中应依工序要求选用合适的电烙铁：普通无特殊要求

工序（如焊接普通元器件等），一般情况下选用内热式或外热式电烙铁；特殊敏感工序（如 SMT 元件焊接、集成电路焊接等），选用恒温电烙铁；需指定焊接温度的（如 MIC 焊接等）工序，选用调温电烙铁；热风电烙铁（热风枪）用于贴片集成块的拆焊。

3．电烙铁的使用

1）使用前

使用电烙铁前，都要用万用表电阻挡检查电源插头两端是否有短路（阻值等于或接近"0"）或开路（阻值为"∞"）现象。还要用万用表 R×1k 或 R×10k 挡，检测插头和外壳之间的电阻，如果表针不动，或者电阻大于 2MΩ就可以使用。否则要检查漏电原因，并加以排除后才能使用。

2）使用中

（1）不可随手乱甩，以防烫伤他人。

（2）不能用力敲击，同时要防止跌落，以免震断内部的电热丝。

（3）烙铁头应经常保持清洁。当烙铁头上焊锡过多时，可用海绵、布或者纸擦掉。

（4）经常把烙铁头放在松香上蘸一蘸，以便及时清除烙铁头的氧化物，使镀上的焊锡能长期保留，不至于脱落。

（5）在焊接的间歇，电烙铁不能到处乱放，应放在烙铁架上。注意电源线不可搭在烙铁头上，以防烫坏绝缘层而发生事故。烙铁架一般应置于工作台右上方，烙铁头不能超出工作台，以免触及其他人员或物品。

3）使用后

电烙铁使用完毕后应及时切断电源，拔下电源插头。待它完全冷却后，再将电烙铁收藏保管。

4．新电烙铁烙铁头的预处理

"工欲善其事，必先利其器"。新电烙铁烙铁头在第一次使用前，要预先"上锡"。具体方法是：用锉刀或砂纸把烙铁头打磨干净，然后通电加热电烙铁，蘸上松香助焊剂。等到松香冒烟时，用焊锡丝在烙铁头的焊接部位上涂抹，使烙铁头上均匀地"镀"上一层熔化的焊锡。这样，可以便于以后的焊接工作，并能防止烙铁头表面很快氧化。

电烙铁使用久了，有可能会出现不沾锡的现象，这是由于长期在高温下工作，烙铁头生成了较多的氧化膜，出现这种情况，还需用上述方法进行处理。

现在有一种新型的烙铁头，在它前端的焊接面上附着有一层金属（颜色有些灰白）。它与焊锡很"亲和"，非常容易上锡，而且经久耐用，不容易氧化，它的价格比普通烙铁头高很多，千万不要把它锉掉了！

5．电烙铁的拆装与故障处理

下面以 35W 内热式电烙铁为例来说明电烙铁的拆装步骤。

拆卸时，首先拧松手柄上顶紧导线的制动螺钉，旋下手柄，然后从接线柱上取下电源线和电烙铁铁芯引线，取出烙铁芯，最后拔下烙铁头。安装顺序与拆卸顺序刚好相反，只是在旋紧手柄时，勿使电源线随手柄扭动，以免将电源线接头部位绞坏，造成短路。

电烙铁的电路故障一般有短路和开路两种。如果是短路，一接电源就会熔断熔丝。短路点通常在手柄内的接头处和插头中的接线处。这时如果用万用表电阻挡检查电源插头两插脚之间的电阻，阻值将趋于零。如果接上电源几分钟后，电烙铁还不发热，一定是电路不通。如电源供电正常，通常是电烙铁的发热器、电源线及有关接头部位有开路现象。这时旋开手柄，用万用表 R×100 挡检测烙铁芯两接线柱间的电阻值，如果在 2kΩ 左右，一定是电源线断开或接头脱焊，应更换电源线或重新连接；如果两接线柱间电阻无穷大，且烙铁芯引线与接线柱接触良好，一定是烙铁芯电阻丝断路，应更换烙铁芯。

四、印制电路板的识别

常见的印制电路板有双面板和单面板。单面板是将全部电路（导电线、焊盘等）置于一面的电路板，图 6-6-13 所示是外形尺寸为 5cm×10cm 的单面电路板，细线是表示电路板焊接面的印制线，其中横向印制线共有 4 行，纵向有 36 列带安装孔的印制线。元件通常安装在没有线路的一面，元件引脚通过该侧插孔插入并在另一面的焊盘上焊接。

图 6-6-13 单面电路板

五、焊前处理

焊接前，应对元器件引脚或电路板的焊接部位进行焊前处理。新的电子元器件和工厂加工制造的电路板一般不需要做焊前处理，可以直接焊接。

1. 清除焊接部位的氧化层

可用小刀或细砂纸除去电子元器件的金属引脚表面的氧化层，使引脚露出金属光泽。自己制作的印制电路板可用细砂纸将铜箔打磨光亮后，涂上松香酒精溶液。

2. 元器件引脚和导线镀锡

在刮净的元器件引脚上镀锡时，可先将引脚蘸一下松香酒精溶液，再将带锡的热烙铁头压在引脚上，并转动引线和拖拉烙铁头，即可使引脚均匀地镀上很薄的一层光亮的锡层。如果使用固体松香，可直接用烙铁头将元器件引脚压在固体松香上面。

导线在焊接前，应先将绝缘外皮剥去，再经过上面的处理步骤，除去表面的氧化层，才能正式焊接。对于多股金属丝导线，应在处理光亮后先拧在一起，然后镀锡。

3. 元器件的引脚整形

元器件引脚镀锡完成后，要对引脚整形。元器件的装焊形式分为卧式装配（简称卧装，如图 6-6-14(a)所示）和竖直装配（简称竖装，如图 6-6-14(b)所示）两种，所有元器件引线均不得

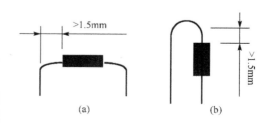

图 6-6-14 元器件的卧装和竖装

从根部弯曲，一般应留 1.5mm 以上。根据电路板设计的要求，可用尖嘴钳或者镊子将它们的引脚弯曲成特定的形状，如图 6-6-15 所示。

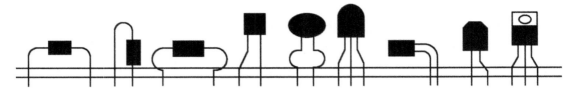

图 6-6-15　元器件引脚的成型

4．元器件复测

所有的元器件引脚镀锡完成后，应将它们再检测一次，以防止在元器件引脚的成型或者镀锡过程中可能造成的损坏。虽然这种可能性较小，但还是小心为妙。

六、手工焊接技术

手工焊接技术是一项基本功，即使在大规模生产的情况下，维护和维修也必须使用手工焊接。

1．焊接的姿势

手工操作时保持正确的姿势，有利于健康和安全。正确的操作姿势是：挺胸端正直坐，不要弯腰，鼻尖至烙铁头尖端至少应保持 20cm 以上的距离，通常以 40cm 为宜。

手工焊接时，电烙铁要拿稳对准，可根据电烙铁的大小、形状和被焊接工件的要求等情况来决定电烙铁的握法。通常有三种握法，即反握法、正握法和握笔法，如图 6-6-16 所示。一般在操作台上焊接印制板等焊件时，多采用握笔法。

手工焊接时一手握电烙铁，另一手拿焊锡丝，帮助电烙铁吸取焊料。拿焊锡丝的方法一般有两种，即连续拿法和断续拿法，如图 6-6-17 所示。

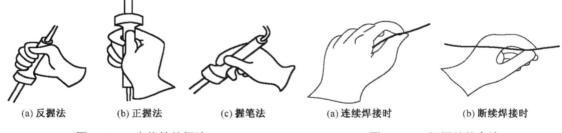

(a) 反握法　　　　(b) 正握法　　　　(c) 握笔法　　　　(a) 连续焊接时　　　　(b) 断续焊接时

图 6-6-16　电烙铁的握法　　　　　　　图 6-6-17　焊锡丝的拿法

2．焊接的步骤和方法

1）五步焊接法

对热容量比较大的焊件，可以采用五步焊接法进行焊接，如图 6-6-18 所示。

步骤一：准备施焊（如图 6-6-18(a)所示）。

准备好被焊工件，电烙铁加温到工作温度，烙铁头保持干净并吃好锡，一手握好电烙铁，一手抓好焊锡丝，电烙铁与焊锡丝分居于被焊工件两侧。

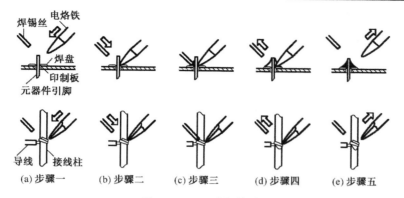

(a) 步骤一　　(b) 步骤二　　(c) 步骤三　　(d) 步骤四　　(e) 步骤五

图 6-6-18　五步焊接法

步骤二：加热焊件（如图 6-6-18(b)所示）。

烙铁头接触被焊工件，包括工件端子和焊盘在内的整个焊件全部要均匀受热，不要施加压力或随意拖动烙铁头，时间以 1～2s 为宜。

步骤三：送入焊锡丝（如图 6-6-18(c)所示）。

当工件被焊部位升温到焊接温度时，送上焊锡丝并与工件焊点部位接触，熔化并润湿焊点。焊锡丝应从电烙铁对面接触焊件。注意：不要把焊锡丝送到烙铁头上！送锡量要适量，一般以有均匀、薄薄的一层焊锡，能全面润湿整个焊点为佳。

步骤四：移开焊锡丝（如图 6-6-18(d)所示）。

熔入适量焊锡（这时被焊件已充分吸收焊锡并形成一层薄薄的焊料层）后，迅速移去焊锡丝。

步骤五：移开烙铁（如图 6-6-18(e)所示）。

移去焊锡丝后，在助焊剂（锡丝内含有）还未挥发完之前，迅速移去电烙铁，否则将留下不良焊点。电烙铁撤离方向与焊锡留存量有关，一般以与轴向成 45° 的方向撤离。撤离电烙铁时，应往回收，回收动作要迅速、熟练，以免形成拉尖；收电烙铁时，应轻轻旋转一下，这样可以吸除多余的焊料。

以上从放电烙铁到焊件上至移开电烙铁，整个过程以 2～3s 为宜。时间太短，焊接不牢靠；时间过长，容易损坏元件。

2）三步焊接法

对热容量比较小的焊件，可将上述五步焊接法简化成三步操作。

步骤一：预热准备。

步骤二：同时加热被焊件和焊锡丝。

步骤三：同时移开电烙铁和焊锡丝。

注意：在焊锡冷却凝固的过程中，不可移动被焊件，否则容易造成虚焊。当焊锡完全凝固后，才可剪去多余的引线。

3．焊接的质量要求

焊接时，要保证焊接质量，每个焊点都要焊接牢固、接触良好。质量优良的焊点应该是表面光亮，圆滑而无毛刺，锡量适中，焊锡和被焊物融合牢固，连接可靠，且呈圆锥形，不应有虚焊和假焊的现象。

虚焊是焊点处只有少量的焊锡焊住，造成接触不良，时通时断，如图 6-6-19 所示。假焊是指表面上好像是焊住了，但实际上并没有焊上，有时用手一拔，引线就可以从焊点中拔出。这两种情况将给电子制作的调试和检修带来极大的困难，会产生一些莫名其妙的故障。只有经过大量的、认真的焊接实践，才能避免这两种情况的发生。

图 6-6-19　虚焊

为了获得良好的焊接质量，对焊点有如下要求：

（1）焊点必须有良好的导电性能，对元器件提供可靠的电气连接。

（2）焊点要有足够的机械强度，即焊接部位比较牢固，能承受一定的机械应力。

（3）焊料适量，不可过多或者过少，如图 6-6-20 所示。

（4）焊点不应有空隙、毛刺、起渣或其他缺陷。

（5）焊点表面应清洁光亮。

图 6-6-20　焊点

使用电烙铁时，如果烙铁头的温度太低则熔化不了焊锡，或者会使焊点的锡未完全熔化而焊接不可靠。烙铁头的温度太高又会使烙铁头"烧死"（表现为温度很高，却蘸不上焊锡）。另外也要控制好焊接的时间，电烙铁停留的时间太短，焊锡不易完全熔化，会形成"虚焊"；而焊接时间过长又容易使印制电路板的铜箔翘起脱落，或者烫坏元器件。为防止元器件过热损坏，必要时可用镊子夹住元器件引脚帮助散热。

焊接时，一般应该在 1～3s 内焊好一个焊点。若没有完成，应该稍等一会儿再重新焊接一次，而不要一直在焊点上来回烫。

4．印制电路板的安装与焊接

1）安装要求

（1）元件的装插应遵循先小后大、先轻后重、先低后高、先里后外的原则。

（2）元件的安装有卧式插装法和立式插装法。

（3）元器件插装后，其字符标志应向着易于认读的方向，并尽可能按从左到右的顺序读出。

（4）有极性元器件的极性应严格按照图纸的要求插装，不能错装。

（5）元器件的插装高度应符合规定要求，同一规格的元器件应尽量安装在同一高度上。

（6）电阻元件水平装插时，标记号朝上，方向一致，功率小于 1W 的电阻元件可贴近板面装接，功率大的电阻离板面不小于 2mm，以利于散热。

（7）涤纶电容、瓷介云母电容及三极管等立式元件插装时，引脚不宜过长，要求离板面 2mm。

（8）高压元件的引脚加绝缘套管。

（9）注意元件之间的距离，元件不能严重倾斜，插接要规范。

（10）插装元件要戴手套以免引脚氧化。

2）焊接要求

（1）一般应选用 20～35W 内热式电烙铁或调温电烙铁，电烙铁的温度以不超过 300℃为宜。烙铁头形状应根据印制板焊盘大小采用凿形或锥形，目前印制板的发展趋势是小型密集化，因此一般常用小型圆锥烙铁头。

（2）一般选用含铅量为 39%～41%的 58-2 锡铅焊料。

（3）加热时应尽量使烙铁头同时接触印制板上铜箔和元器件引线。对较大的焊盘（直径大于 5mm）焊接时可移动烙铁，即烙铁绕焊盘移动，以免长时间停留一点导致局部过热。

（4）两层以上电路板的孔都要进行金属化处理，即焊接时不仅要让焊料润湿焊盘，而且孔内也要充分润湿。因此两层以上电路板金属化孔加热时间应长于单面板。

（5）焊接时，增强焊料润湿性能不要用烙铁头摩擦焊盘的方法，而要在表面清理和预焊工序完成。

（6）耐热性差的元器件应使用辅助工具散热。

5．拆焊

拆焊是指在电子产品的生产过程中，因为装错、损坏、调试或维修而将已焊上的元器件拆下来的过程，也称解焊。它的操作难度大，技术要求高，所以在实际操作中，要反复练习，掌握操作要领，才能做到不损坏元器件和印制电路板。

1）拆焊的基本要求

不损坏元器件、导线和结构件，特别是焊盘与印制导线。在拆焊过程中，应尽量避免拆动其他元器件或变动其他元器件的位置，如确实需要，应做好复原工作。

2）拆焊工具

拆焊工具包括电烙铁、镊子、基板组件（可用来切、划、钩、拧和通孔，借助电烙铁恢复焊孔）、吸锡器等。

3）拆焊的步骤

（1）选用合适的电烙铁。

拆焊选用的电烙铁应比相应的焊接电烙铁功率略大，因为拆焊所需要的加热时间要稍长、温度要稍高。所以要严格控制温度和加热时间，以免将元器件烫坏或使焊盘翘起、断裂。宜采取间隔加热法来进行拆焊。

（2）加热拆焊点。

将电烙铁平稳地靠近拆焊点，保持各部分均匀受热，如图 6-6-21(a)所示。

（3）吸去焊锡。

当焊料熔化后，用吸锡工具吸去焊锡，如图 6-6-21(b)所示。要注意的是，即使仅有少量锡连接，在拆卸时也易损坏元件。

（4）拆下元件。

一般可直接用镊子将元器件拔下，如图 6-6-21(c)所示。但要注意，在高温状态下，元器件的封装强度都会下降，尤其是塑封器件、陶瓷器件、玻璃端子等，如果用力拉、摇、扭，都会损坏器件和焊盘。

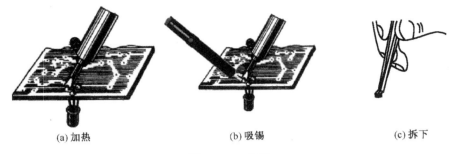

(a) 加热　　　　　　　　　(b) 吸锡　　　　　　　　　(c) 拆下

图 6-6-21　拆焊

上述情况并不是一成不变的，在没有吸锡工具的情况下，可以将印制电路板或可移动的部件倒过来，用电烙铁加热至焊锡熔化后，在不移开烙铁的条件下，用镊子或其他工具将元器件拆下。

4）几种元器件的拆焊方法

（1）阻容元件拆焊。

阻容元件采用卧式安装，若两个焊点较远，可采用电烙铁分点加热，逐点拔出。

（2）晶体管拆焊。

晶体管由于焊点距离较近，可用电烙铁同时交替加热几个焊点，待焊锡熔化后一次拔出。

（3）集成电路拆焊

因为集成电路的引脚多，既不能采用分点拆焊，也不能采用交替加热拆焊，一般可采用吸锡器吸尽焊料，或用空心针在加热的状态下，迅速插入引脚中，使印制电路板的焊盘与引脚分离。

总之，在拆焊时，尽量不要损坏元器件与焊盘；若元器件损坏，可先剪断引脚，再拆焊点上的线头。

任务七　直流稳压电源的安装与调试

【任务情境】

有了元器件，也学会了焊接技术，就设计一个电路，来实现需要的功能——直流稳压。

【任务描述】

能画出直流稳压电源的电路图；说出简单的工作原理；会安装和调试直流稳压电源。

【计划与实施】

一、画一画

画出直流稳压电源的电路原理图。

二、说一说

说出直流稳压电源的工作原理。

三、测一测

组装直流稳压电源需要哪些元器件？选出来填在下表中，并进行检测。

序　号	名　　称	型　号　规　格	代　　号	数　　量
1				
2				
3				

四、连一连

在万能板上设计电路布局图。

五、装一装

（1）写出组装直流稳压电源的步骤、方法和注意事项。

（2）组装电路。

六、调一调

（1）你组装的电路存在什么问题？

（2）写出调试步骤和方法。

（3）进行调试。

【练习与评价】

一、练一练

1. 填空题

（1）直流稳压电源由_____、_____、_____和_____四部分组成。

（2）稳压电路的作用是在_____和_____变化时，保持输出电压基本不变。

（3）桥式整流电路的二极管两端承受的最大反向电压 $U_{DRM}=$_____U_2。

（4）桥式整流电路中，若 VD_2 接反了，则输出_____。

（5）桥式整流电路中，若 VD_1 开路了，则输出_____。

2. 实践操作题

（1）制作直流电源的材料清单。

序　号	名　　称	型 号 规 格	代　　号	数　　量
1	变压器	220V/12V	T	1只
2	二极管	1N4007	$VD_1 \sim VD_4$	4只
3	电解电容	100μF	C_1	1只
4	涤纶电容	0.33μF	C_2	1只
5	涤纶电容	0.1μF	C_3	1只
6	集成稳压器	7812		1只

（2）操作要求。

① 印制电路板安装整齐美观，焊接质量好，无损伤。

② 导线焊接要可靠，不得有虚焊，特别是导线与正负极间的焊接位置和焊接质量要好。

二、评一评

请反思在本任务进程中你的收获和疑惑，写出你的体会和评价。

任务总结与评价表

内　　容		收　　获	疑　　惑
获得知识			
掌握方法			
习得技能			
学习体会			
学习评价	自我评价		
	同学互评		
	老师寄语		

【任务资讯】

一、直流稳压电源的作用及组成

电子设备一般都需要直流稳压电源供电。这些直流电除了少数直接利用干电池和直流发电机获得外，大多数是采用将交流电（市电）转换为直流电来获得的。

直流稳压电源由电源变压器、整流电路、滤波电路和稳压电路四部分组成，其原理框图和各环节电压波形如图 6-7-1 所示，电路原理图如图 6-7-2 所示。

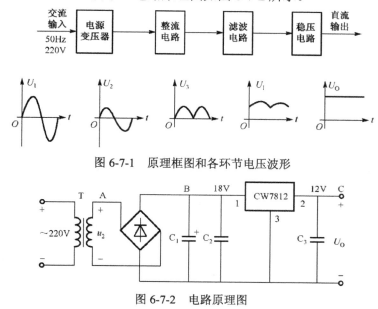

图 6-7-1 原理框图和各环节电压波形

图 6-7-2 电路原理图

电源变压器由小型变压器 T 组成，整流电路由桥式整流堆组成，滤波电路由滤波电容 C_1 组成，稳压电路由 CW7812 集成稳压器组成。

二、直流稳压电源的工作原理

电网供给的 220V、50Hz 交流电压经电源变压器降压后，得到符合电路需要的交流电压 u_A，然后由整流电路变换成方向不变、大小随时间变化的脉动电压，再用滤波器滤除其交流分量，就可得到比较平直的直流电压 u_B，最后经集成稳压器 CW7812 得到更加稳定的直流电压 u_C。

三、直流稳压电源的安装、检测和调试方法。

1. 组装直流稳压电源的步骤

（1）根据材料清单清点各种元器件的数量，检查其型号、规格是否相符。

（2）用万用表检测各元器件，判断是否符合要求。

（3）检查印制电路板的铜箔线条是否完好，有无断线及短路。

（4）给元器件引线上锡和成型。注意：元器件引线的镀层未氧化（可焊性好）时可以不再处理。

（5）元器件的焊接。

2．组装直流稳压电源的注意事项

（1）为防止变压器一次侧与二次侧之间短路，要测量变压器一次侧与二次侧之间的电阻。

（2）注意区分变压器的一次侧与二次侧，可通过测量线圈内阻来进行区分。

（3）电解电容要注意区分极性及高度。

（4）焊接时，要防止漏焊、虚焊、连焊，焊接后要修整焊点，引线勿留过长。

3．调试直流稳压电源

通电调试，即用万用表电压挡测量各点电压值或用示波器来测量各点电压波形。

项目检测

一、判断题

（1）使用中应选用额定功率小于电路要求的电阻器。

（2）电容器在使用时允许超过耐压值。

（3）78 系列三端稳压器输出负极性电压。

（4）一般用万用表的 R×1k 挡检测绕组的电阻值，可判断绕组有无短路或断路现象。

（5）小型电源变压器一次侧绕组的阻值小于二次侧绕组的阻值。

（6）新的电烙铁在第一次使用前，要预先给烙铁头"上锡"。

（7）整流全桥坏了，可找任意 4 只二极管来代替。

（8）如果某二极管正、反向电阻值均为无穷大，则该二极管内部短路。

二、实践题

（1）准备不同型号的电阻、电容、变压器、二极管、整流堆、集成稳压器若干只，万用表一块。

（2）要求在规定的时间内区分元器件的种类。

（3）读出电阻的标称值，再用万用表测量阻值。将测量结果填入下表。

序　号	读 取 色 环	由色环写出阻值	由万用表测出的结果
1			
2			
3			
4			
5			
6			
7			
8			
9			
10			

（4）读出电容容量，并用万用表测出漏电阻，填写下表。

序　号	读取标称值	由标注写出电容容量、耐压值等	万用表测量漏电阻	
			万用表挡位	实测结果
1				
2				
3				
4				

（5）变压器的识别与检测，并将结果填写在下表中。

序　号	标 注 型 号	万用表检测阻值	
		量　程	阻　值
1			
2			
3			
4			

（6）二极管的识别与检测，并将结果填写在下表中。

序　号	标 注 型 号	检　测			
		正 向 电 阻		反 向 电 阻	
		量　程	阻　值	量　程	阻　值
1					
2					
3					
4					

（7）整流堆的识别与检测，并将结果填写在下表中。

序　号	标 注 型 号	A、B 间阻值		B、C 间阻值		C、D 间阻值		D、A 间阻值	
		正向	反向	正向	反向	正向	反向	正向	反向
1									
2									
3									
4									

（8）集成稳压器的识别与检测，并将结果填写在下表中。

序　号	标注型号	识　别	测各引脚间阻值						测量稳压值
		输出电压 / V	1、2	2、1	2、3	3、2	1、3	3、1	
1									
2									
3									
4									

项目七*

电力整流与逆变

项目目标

通过本项目的学习，应达到以下学习目标：

（1）能识别和选用晶闸管，并对晶闸管进行检测。

（2）能说出晶闸管单相、三相整流电路的简单原理，会安装晶闸管单相、三相整流电路，能处理电路的一般故障。

（3）能说出晶闸管逆变电路的简单原理，会安装晶闸管逆变电路，能处理电路的一般故障。

项目内容

项目进程

 任务一　晶闸管的识别与检测

【任务情境】

这个星期，学校的实验室又进了一批晶闸管。由于数量较大，实验室老师需要几位同学们帮忙分类，并且要把新买来的晶闸管验收入库。祝宗雪和同学小李、小夏等欣然接受老师的邀请。晶闸管是什么样的元器件？怎样检测它的好坏呢？

【任务描述】

认识晶闸管的外形、型号和主要参数；能用万用表判别它们的极性，并检测它们的质量。

【计划与实施】

一、认一认

认识图 7-1-1 中的晶闸管，写出型号，并画出它们的符号。

(a) 小功率管

(b) 中功率管

(c) 大功率管

图 7-1-1　晶闸管

型号：（a）_____　（b）_____　（c）_____符号_____

二、探一探

（1）画出探究晶闸管工作特性的实验电路。

（2）按所画电路图接好电路，进行实验，并填写下表。（实验说明：图 7-1-1(c)中开关先闭合后分开）。

	图 7-1-1(a)	图 7-1-1(b)	图 7-1-1(c)
小灯泡的工作状态（亮或暗）			
晶闸管的工作状态（通或断）			
晶闸管具有的特性			
由以上实验结果得出的结论			

三、测一测

（1）判别晶闸管电极。将万用表置于 R×1k 挡，对晶闸管引脚间的电阻进行测量，并完成下表。

	引　　脚					
黑表笔	1		2		3	
红表笔	2	3	1	3	1	2
万用表读数（Ω）						
结论						

（2）晶闸管质量好坏的检测。

① 写出检测的步骤和方法。

② 按上述步骤和方法检测。

③ 根据测量结果判断晶闸管质量的好坏。

【练习与评价】

一、练一练

（1）叙述晶闸管的特性。

（2）判断下列说法是否正确。

① 晶闸管的导通电流随着控制极电流的增大而增大。

② 导通后的晶闸管去掉控制极电压，晶闸管仍能导通。

③ 晶闸管和二极管一样具有单向导电性。

④ 可关断晶闸管在控制极加入负脉冲，能使晶闸管关断。

二、评一评

请反思在本任务进程中你的收获和疑惑，在下表中写出你的体会和评价。

任务总结与评价表

内　　容	收　　获	疑　　惑
获得知识		
掌握方法		
习得技能		
学习体会		
学习评价	自我评价	
	同学互评	
	老师寄语	

【任务资讯】

一、单向晶闸管及其应用

1. 结构与符号

晶闸管有小型塑封型（小功率）、平面型（中功率）和螺栓型（中、大功率）等几种，螺栓型使用时固定在散热器上。晶闸管有三个电极：阳极 a、阴极 k 和控制极 g。

单向晶闸管的内部结构如图 7-1-2(a)所示，它由四层半导体 P−N−P−N 叠合而成，形成三个 PN 结（J_1、J_2、J_3），由外层 P 型半导体引出阳极 a，由外层 N 型半导体引出阴极 k，由中间 P 型半导体引出控制极 g。图 7-1-2(b)为单向晶闸管的电路图形符号，是在二极管电路图形符号的基础上加一个控制极，表示其特性相当于有控制端的单向导电性器件，而二极管则属于无控制端的单向导电性器件。

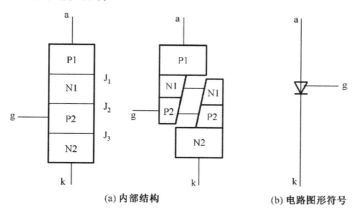

(a) 内部结构   (b) 电路图形符号

图 7-1-2 单向晶闸管

2. 工作特性

为了便于理解，下面用实验来反映单向晶闸管的工作特性。

在图 7-1-3 所示电路中，晶闸管的 a-k 极、指示灯 HL 和电源 V_{aa} 构成的回路称为主回路。晶闸管的 g-k 极、开关 S 和电源 V_{gg} 构成的回路称为触发电路或控制电路。

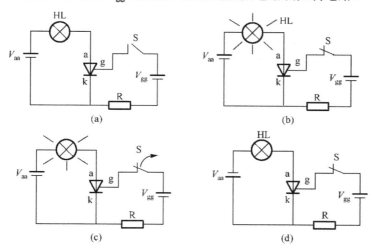

图 7-1-3 单向晶闸管的工作特性

1）正向阻断

在图 7-1-3(a)所示电路中，晶闸管加上正向电压，即晶闸管阳极接电源正极，阴极接电源负极。开关 S 不闭合，指示灯不亮，这说明晶闸管加正向电压，但控制极未加正向电压时，管子不会导通，这种状态称为晶闸管的正向阻断状态。

2）触发导通

在图 7-1-3(b)所示电路中，晶闸管加正向电压，且开关 S 闭合，在控制极上加正向触发电压，此时指示灯亮，表明晶闸管导通，这种状态称为晶闸管的触发导通。

3）维持导通

在 7-1-3(c)所示电路中指示灯亮后，若把开关 S 断开，指示灯则继续发光，这说明晶闸管一旦导通，控制极便失去了控制作用。要使晶闸管关断，必须将正向阳极电压降低到一定数值，使流过晶闸管的电流小于维持电流。

4）反向阻断

在图 7-1-3(d)所示电路中，晶闸管加反向电压，即 a 极接电源负极，k 极接电源正极，此时不论开关 S 闭合与否，指示灯始终不亮。这说明当单向晶闸管加反向电压时，不管控制极加怎样的电压，它都不会导通，而处于截止状态，这种状态称为晶闸管的反向阻断。

通过上述实验可以得到以下结论：

晶闸管导通必须具备两个条件：一是晶闸管阳极与阴极间接正向电压；二是控制极与阴极之间也接正向电压。晶闸管一旦导通，去掉控制极电压后，晶闸管仍然保持导通状态。

3．晶闸管型号及参数的含义

几种普通晶闸管的主要参数参见表 7-1-1。

表 7-1-1　几种普通晶闸管的主要参数

型号 参数	3CT101	3CT103	3CT104	3CT105
反向峰值电压 V_{RRM}/V	30～800	30～1 200	30～1 200	30～1 200
正向阻断峰值电压 V_{DRM}/V	30～800	30～1 200	30～1 200	30～1 200
额定正向平均电流 $I_{T(AV)}$/A	1	5	10	20
正向平均电压 $V_{T(AV)}$/V	≤1.2	≤1.2	≤1.2	≤1.2
控制极触发电流 I_g/mA	3～30	5～70	5～100	5～100
控制极触发电压 V_g/V	≤2.5	≤3.5	≤3.5	≤3.5
额定结晶/℃	100	100	100	100
维持电流/mA	≤30	≤40	≤60	≤60
散热器面积/cm²		350	1 200	1 200

1）型号

晶闸管的品种很多，每种晶闸管都有一个型号，国产晶闸管的型号由以下五部分组成：

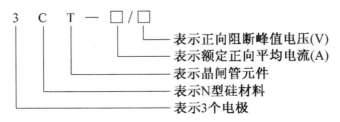

2）主要参数

表 7-1-1 中参数含义介绍如下。

（1）反向峰值电压 V_{RRM}，即在控制极开路时，允许加在阳极-阴极之间的最大反向峰值电压。

（2）正向阻断峰值电压 V_{DRM}，即在控制极开路时，允许加在阳极-阴极之间的最大正向峰值电压。使用时若超过 V_{DRM}，晶闸管即使不加触发电压也能从正向阻断转向导通。

（3）额定正向平均电流 $I_{T(AV)}$，即在规定的环境温度和散热条件下，允许通过阳极和阴极之间的电流平均值。例如，3A 额定电流的晶闸管，它的额定正向平均电流是 3A。

（4）正向平均电压 $V_{T(AV)}$，即又称为通态平均电压，指晶闸管导通时管压降的平均值，一般为 0.4～1.2V，这个电压越小，管子的功耗就越小。

（5）控制极触发电压 V_g 和触发电流 I_g，即在室温下及一定的正向电压条件下，使晶闸管从关断到导通所需的最小控制电压和电流。

4．单向晶闸管的简易检测

在检修电子产品时，通常需要对晶闸管进行简易的检测，以确定其质量好坏。简单的检测方法如下。

1）判别电极

万用表置于 R×1k 挡，测量晶闸管任意两引脚间的电阻，当万用表指示低阻值时，黑表笔所接的是控制极 g，红表笔所接的是阴极 k，余下的一个引脚为阳极 a，其他情况下电阻值均为无穷大。

2）质量好坏的检测

检测时按以下三个步骤进行：

（1）万用表置于 R×10 挡，红表笔接阴极 k，黑表笔接阳极 a，指针指标值应接近无穷大。

（2）用黑表笔在不断开阳极的同时接触控制极 g，万用表指针向右偏转到低阻值，表明晶闸管能触发导通。

（3）在不断开阳极 a 的情况下，断开黑表笔与控制极 g 的接触，万用表指针应指示在原来的低阻值上，表明晶闸管撤去控制信号后仍将保持导通状态。

任务二　晶闸管单相整流电路的安装和检修

【任务情境】

学了晶闸管的基本知识以后，祝宗雪和同学们都知道晶闸管也是电路的基本元件之一，它可以用来构成可控整流电路、逆变电路等。那么晶闸管是怎样构成可控整流电路的？它和二极管整流电路又有什么区别呢？

【任务描述】

认识单相可控整流电路的结构组成；学会分析电路的工作原理；能组装电路，并对电路进行调试。

【计划与实施】

一、画一画

（1）在左下方的方框中画出单相半波可控整流电路，说出该电路的工作原理，并在右下方的图中画出电路的输出波形。

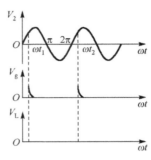

（2）在左下方的方框中画出单相半控桥式整流电路，说出该电路的工作原理，并在右下方的图中画出电路的输出波形。

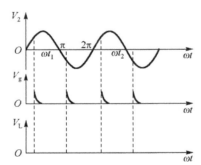

二、做一做

制作单相桥式可控整流电路。

（1）请把组装电路所需要的元器件列入下表中。

序　号	名　称	符　号	型　号	规　格	数　量
1					
2					
3					
4					
5					
6					
7					
8					
9					
10					
11					
12					
13					

（2）根据电路原理图，用焊接工艺在电路板上完成电路的组装。

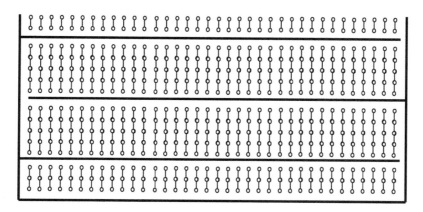

三、测一测

用万用表检测电路各点电位，并与理论值相比较，看是否相符。

四、调一调

使用示波器观察电路中各点的波形。调节 RP 并检测电路的输出波形。

【练习与评价】

一、练一练

1．选择题

（1）桥式可控整流电路和中，通过改变控制角的大小，可使输出电压的平均值 V_L 在（　　）内变化。

    A．0～4.5V   B．0～0.9V   C．0.5～0.9V   D．0～1.2V

（2）可控整流电路由（　　）两部分组成。

    A．整流主电路与触发电路   B．交流电源与整流电路

    C．整流主电路与振荡电路   D．整流主电路与放大电路

（3）晶闸管用于可控整流中，其作用是组成（　　）

    A．整流电路   B．放大电路   C．反相电路   D．控制电路

2．填空题

（1）单相半波可控整流电路的最大导通角＿＿＿＿＿＿，最大控制角＿＿＿＿＿＿。

（2）对单结管触发电路的基本要求是＿＿＿＿＿、＿＿＿＿＿和＿＿＿＿＿。

二、评一评

请反思在本任务进程中你的收获和疑惑，在下表中写出你的体会和评价。

任务总结与评价表

内　　容		收　　获	疑　　惑
获得知识			
掌握方法			
习得技能			
学习体会			
学习评价	自我评价		
	同学互评		
	老师寄语		

【任务资讯】

一、单相半波可控整流电路

单相半波可控整流电路是组成各种类型可控整流电路的基础，所有可控整流电路的工作回路都可等效为单相半波可控整流电路。因此，对于单相半波可控整流电路的分析是十分重要的，可作为研究各种可控整流电流的基础。单相半波可控整流电路可以为各种性质的负载供电。下面分别介绍电阻性负载和阻感性负载。

1. 电阻性负载单相半波可控整流电路的工作原理

电阻性负载单相半波可控整流电路及其波形如图 7-2-1 所示。

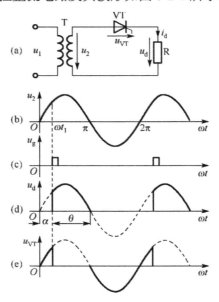

图 7-2-1　电阻性负载单相半波可控整流电路及其波形

1）主电路

输入为单相正弦交流电压，经整流变压器变压，设二次侧电压为 $u_2 = \sqrt{2}U_2 \sin\omega t$。

2）工作过程及波形

该电路工作过程分为三个阶段。

（1）当 $0 \leqslant \omega t < \alpha$ ， $u_2>0$ 时，VT 正向阻断， $u_d = 0, i_d = 0, u_{VT} = u_2$。

（2）当 $\omega t = \alpha$ ， $u_2>0$ 时，VT 触发导通， $u_d = u_2, i_d = \dfrac{u_2}{R}, u_{VT} = 0$。

（3）当 $\pi < \omega t < 2\pi$ ， $u_2<0$ 时，VT 反向阻断， $u_d = 0, i_d = 0, u_{VT} = u_2$。

控制角即从晶闸管开始承受正向电压到开始导通的角度，以 α 表示。

导通角即晶闸管在一个周期中处于导通的电角度，以 θ 表示。

2．阻感性负载单相半波可控整流电路的工作原理

阻感性负载单相半波可控整流电路及其波形如图 7-2-2 所示。

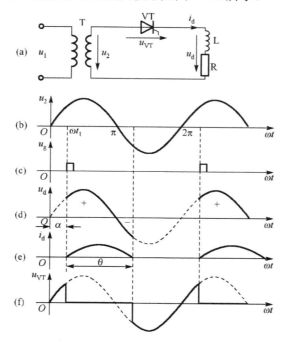

图 7-2-2　阻感性负载单相半波可控整流电路及其波形

1）主电路

输入为单相正弦交流电压，经整流变压器变压，设二次侧电压为 $u_2 = \sqrt{2}U_2 \sin\omega t$。

2）工作过程及波形分析

该电路工作过程分为三个阶段。

（1）当 $\omega t = \alpha$ ， $u_2 > 0$ 时，VT 触发导通， $u_d = u_2, i_d = 0, u_{VT} = 0$。

当 $\alpha < \omega t < \pi$ ， $u_2 > 0$ 时，VT 正向导通， $u_d = u_2, u_{VT} = 0, u_2 = i_d R + L\dfrac{di_d}{dt}$。

其中， i_d 为正弦电压输入、RL 负载、零初始条件下的电流响应。

（2）当 $\omega t = \pi$ ， $u_2 = 0$ 时，由于电感的存在， $i_d \neq 0$，VT继续导通，直至 $i_d = 0$。

当 $\pi < \omega t < \alpha + \theta$ ， $u_2 < 0$ 时， $u_d = u_2$， $u_{VT} = 0$。

（3）当 $\omega t = \alpha + \theta$ 时， $i_d = 0$，VT 自然关断。

由于L的存在，i_d 从 i_{dmax} 下降到 $i_d = 0$ 的过程中，$u_2 = L\dfrac{di_d}{dt}$。

当 $\alpha + \theta < \omega t < 2\pi + \alpha$ 时，VT反向阻断，$u_d = 0$，$i_d = 0$，$u_{VT} = u_2$。

二、单相半控桥式整流电路的工作原理

1. 电路组成

图 7-2-3 所示为单相半控桥式整流电路，它主要由整流主电路和触发电路两部分组成，整流主电路与二极管桥式整流电路很相似，只是将其中两个二极管换成晶闸管 VD_{Z1}、VD_{Z2}。

2. 工作原理

（1）当 u_1 为正半周时，晶闸管 VD_{Z1} 和二极管 VD_8 承受正向电压，如果晶闸管的控制极未加触发电压，晶闸管就一直不能导通，输出电压 $V_L = 0$。在正半周内只要触发电压 u_g 到来，晶闸管 VD_{Z1} 就导通，电流通过 VD_{Z1}、RL、VD_8 形成回路，在负载上得到极性为上正下负的电压。

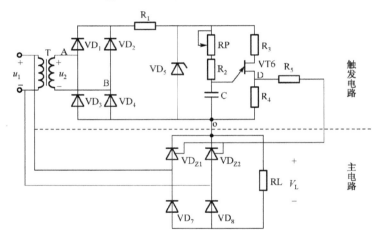

图 7-2-3　单相半控桥式整流电路

（2）当 u_1 经过零值时，晶闸管自行关断。

（3）当 u_1 为负半周时，晶闸管 VD_{Z2} 和二极管 VD_7 承受正向电压，在负半周内只要触发电压 u_g 到来，晶闸管 VD_{Z2} 就导通，电流通过 VD_{Z2}、RL、VD_7 形成回路，在负载 RL 得到的也是上正下负的电压。其工作波形如图 7-2-4 所示。

3. 电路参数

1）输出电压

单相半控桥式整流电路可通过改变控制角的大小，使输出电压的平均值 V_L 在 0～0.9 范围内变化，即

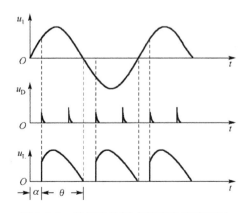

图 7-2-4　单相半控桥式整流电路波形图

$$V_L = 0.9 u_1 \frac{1 + \cos\alpha}{2}$$

2）晶闸管的选用

选用晶闸管时应重点考虑反向峰值电压 V_{RRM} 和额定正向平均电流 $I_{\text{T (AV)}}$。一般情况下，晶闸的断态反向峰值电压应大于实际承受的最大峰值电压的 1.5～2 倍，即

$$V_{\text{RRM}} \geqslant (1.5 \sim 2) \sqrt{2} \, u_2$$

3）对电流的要求

晶闸管的额定正向平均电流应大于实际通过晶闸管的最大平均电流，对全波可控整流电路要求有

$$I_{\text{T (AV)}} > \frac{1}{2} I_{\text{L}}$$

三、整流电路的换相规律

1. 对电源系统电压的要求

整流电路在工作过程中，要按照电源电压的变化规律周期性地切换整流工作回路。为保证在稳定工作状态下能均衡工作，使输出电压、电流波形变化尽可能小，要求电源系统为对称的，且电压波动在一定范围之内。

2. 自然换相与自然换相点

在不可控整流电路中，整流管将按电源电压变化规律自然换相，自然换相的时刻称为自然换相点。在同一接线组中，除导通的一相元件外，其他相元件均应承受反向电压。

共阴极组接法的半波不可控整流电路为高通电路，即总是相电压最高的一相元件导通。所以，自然换相点在相邻两相工作回路电源电压波形正半周交点，输出电压波形为电源电压波形正半周包络线。

共阳极组接法的半波不可控整流电路为低通电路，即总是相电压最低的一相元件导通。所以，自然换相点在相邻两相工作回路电源电压波形负半周交点，输出电压波形为电源电压波形负半周包络线。

四、讨论负载性质对电路工作的影响

1. 电阻性负载

电压、电流的波形相同。

2. 电感性负载（主要指电感与电阻串联的电路）

负载电流不能突变，波形分为连续和不连续两种情况。

3. 电容性负载（整流输出接大电容滤波）

由于电容电压也不能突变，所以晶闸管刚一触发导通时，电容电压即为零，相当于短路，因而就有很大的充电电流流过晶闸管，电流波形呈尖峰状。因此为了避免晶闸管遭受过大的电流上升率而损坏，一般不宜在整流输出端直接接大电容。

4．反电势负载（整流输出供蓄电池充电或直流电动机，即负载有反电动势）

只有当输出电压大于反电动势时才有电流流通，电流波形也呈较大的脉动。

 任务三　晶闸管三相可控整流电路的安装和检修

【任务情境】

"在有些功率要求较大的电路中，若单相整流电路的功率不符合电路的需求，那该怎么办呢？"学了单相可控整流电路的知识和技能以后，祝宗雪同心里总是有个疑问。于是他向老师请教。老师告诉他说："那就需要用到三相可控整流电路……"

【任务描述】

认识三相可控整流电路的结构组成；学会分析电路的工作原理；能组装电路，并对电路进行调试。

【计划与实施】

一、画一画

（1）画出三相半波可控整流电路，并说出工作原理。

（2）画出三相桥式全控整流电路，并说出工作原理。

二、做一做

制作三相半波可控整流电路。

（1）请把组装电路所需要的元器件列入下表中。

序　号	名　　称	符　号	型　号	规　格	数　量
1					
2					
3					
4					
5					
6					
7					
8					
9					
10					
11					
12					
13					

（2）请根据电路图，用焊接工艺在电路接线板上完成电路的组装。

三、测一测

用万用表检测电路各点电位，并与理论值相比较，看是否相符。

四、调一调

使用示波器观察电路的输出波形，并调试电路。

【练习与评价】

一、练一练

已知三相半波可控整流电路的控制角为30°，电源电压为36V，试求输出电压的平均值，输出电流的有效值以及晶闸承受的峰值电压分别为多少？

二、评一评

请反思在本任务进程中你的收获和疑惑，在下表中写出你的体会和评价。

任务总结与评价表

内　　容		收　　获	疑　　惑
获得知识			
掌握方法			
习得技能			
学习体会			
学习评价	自我评价		
	同学互评		
	老师寄语		

【任务资讯】

对于三相对称电源系统而言，单相可控整流电路为不对称负载，可影响电源三相负载的平衡性和系统的对称性。负载容量较大时，通常采用三相或多相电源整流电路。三相或多相电源可控整流电路是三相电源系统的对称负载，输出整流电压的脉动小，控制响应快，在许多场合得到了广泛应用。

三相可控整流电路电源变压器一般采用 D,y 或 Y,d 接线方式，以提供一条 3 及 3 的倍数次谐波电流通路。对于三相半波可控整流电路而言，二次侧绕组必须接成星形，以获得整流电源的中性点，故通常采用 D,y 接线方式。

$$
电源电压：
\begin{cases}
u_a = \sqrt{2}U_2 \sin\omega t \\
u_b = \sqrt{2}U_2 \sin\left(\omega t - \dfrac{2\pi}{3}\right) \\
u_c = \sqrt{2}U_2 \sin\left(\omega t + \dfrac{2\pi}{3}\right)
\end{cases}
$$

$$
u_{ab} = u_a - u_b = \sqrt{6}U_2 \sin\left(\omega t + \dfrac{\pi}{6}\right)
$$

一、三相半波可控整流电路

1. 电阻性负载三相半波可控整流电路

电阻性负载三相半波可控整流电路及其波形图如图 7-3-1 所示。

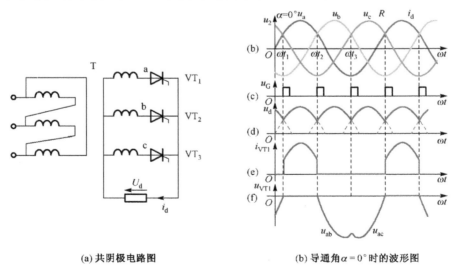

(a) 共阴极电路图　　　　　　　(b) 导通角 $\alpha = 0°$ 时的波形图

图 7-3-1　电阻性负载三相半波可控整流电路及其波形图

自然换相点是各相晶闸管能触发导通的最早时刻，将其作为计算各晶闸管控制角 α 的起点，即 $\alpha = 0°$。对共阴极组接法，自然换相点是相电压正半周的交点。

晶闸管导通顺序如下：

$$\text{VT}_1 \longrightarrow \text{VT}_2 \longrightarrow \text{VT}_3$$

触发脉冲之间互差 $\dfrac{2\pi}{3}$，电流连续 $\left(0 \leqslant \alpha \leqslant \dfrac{\pi}{6}\right)$。三相半波可控整流电路中，在各时间段内晶闸管导通情况及晶闸管端电压和输出电压之间的关系如下表所示。

时　间	导通元件	晶闸管端电压			输出电压
		u_{VT1}	u_{VT2}	u_{VT3}	
$\dfrac{\pi}{6}+\alpha$ 到 $\dfrac{5\pi}{6}+\alpha$	VT_1	0	u_{ba}	u_{ca}	u_{a}
$\dfrac{5\pi}{6}+\alpha$ 到 $\dfrac{3\pi}{2}+\alpha$	VT_2	u_{ab}	0	u_{cb}	u_{b}
$\dfrac{3\pi}{2}+\alpha$ 到 $\dfrac{13\pi}{2}+\alpha$	VT_3	u_{ac}	u_{bc}	0	u_{c}

输出电压瞬时值为

$$u_{\text{d}} = \sqrt{2}U_2 \sin \omega t$$

其中，

$$\frac{\pi}{6}+\alpha \leqslant \omega t \leqslant \pi \quad T_\theta = \frac{2\pi}{3}$$

输出电压平均值为

$$U_{\text{d}} = \frac{1}{\frac{2\pi}{3}} \int_{\frac{\pi}{6}+\alpha}^{\pi} \sqrt{2}U_2 \sin \omega t \, \mathrm{d}(\omega t) = \frac{3\sqrt{2}}{2\pi}U_2 \left[1 + \cos\left(\frac{\pi}{6}+\alpha\right)\right] = 0.675\left[1 + \cos\left(\frac{\pi}{6}+\alpha\right)\right]U_2$$

通过晶闸管，变压器二次侧绕组电流平均值为

$$I_{\text{dVT}} = I_{\text{d2}} = \frac{1}{3}I_{\text{d}}$$

负载电流有效值为

$$I = \sqrt{\frac{3}{2\pi}\int_{\frac{\pi}{6}+\alpha}^{\pi}\left(\frac{\sqrt{2}U_2\sin\omega t}{R}\right)^2 \mathrm{d}(\omega t)} = \frac{U_2}{R}\sqrt{\frac{3}{2\pi}\left(\frac{5\pi}{6}-\alpha+\frac{\sqrt{3}}{4}\cos 2\alpha+\frac{1}{4}\sin\alpha\right)}$$

通过晶闸管，变压器二次侧绕组电流有效值为

$$I_{\text{VT}} = I_2 = \frac{I}{\sqrt{3}}$$

晶闸管承受的峰值电压为

$$U_{\text{RM}} = \sqrt{6}U_2$$
$$U_{\text{DM}} = \sqrt{2}U_2$$

移相范围为

$$0 \leqslant \alpha \leqslant \frac{5\pi}{6}$$

注：导通角其他情况自行分析。

2. 电阻性负载三相半波可控整流实际电路

电阻性负载三相半波可控整流实际电路如图 7-3-2 所示。

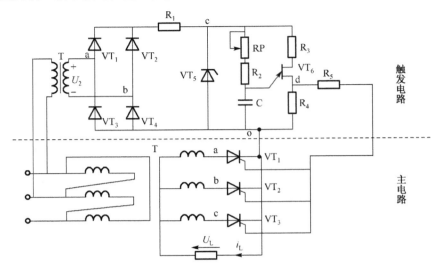

图 7-3-2　电阻性负载三相半波可控整流实际电路

二、三相桥式全控整流电路

三相桥式全控整流电路及其波形如图 7-3-3 所示。

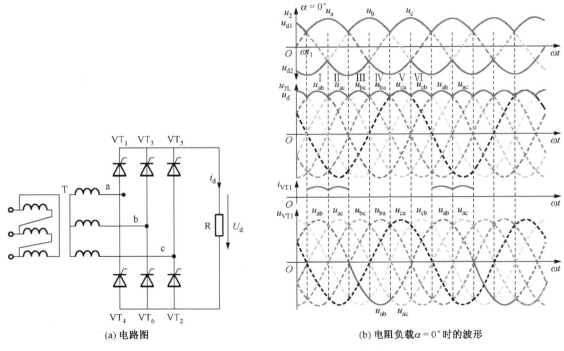

(a) 电路图　　　　　　　　　　　(b) 电阻负载 $\alpha = 0°$ 时的波形

图 7-3-3　三相桥式全控整流电路及其波形

1．主电路

主电路由两组桥臂构成，即共阴极组[阴极连接在一起的 3 个晶闸管(VT_1，VT_3，VT_5)]和共阳极组[阳极连接在一起的 3 个晶闸管(VT_4，VT_6，VT_2)]。

通过对两组桥臂晶闸管的有序控制，可构成对负载供电的 6 条整流回路。每一整流回路中含有两只晶闸管，一只为共阴极组的某相元件，另一只则应为共阳极组的另一相元件。

各整流回路的交流电源电压为两相元件所在相间的线电压，等值电路和单相半波可控整流电路相同。

6 条整流回路的构成如下：

时　段	I	II	III	IV	V	VI
共阴极组中导通晶闸管	VT_1	VT_1	VT_3	VT_3	VT_5	VT_5
共阳极组中导通晶闸管	VT_6	VT_2	VT_2	VT_4	VT_4	VT_6
整流输出电压 u_d	u_{ab}	u_{ac}	U_{bc}	u_{ba}	u_{ca}	u_{cb}

2．电阻负载的工作过程及波形分析

在相电压波形图上，由相电压交点确定了 6 只晶闸管的自然换相点。

在线电压波形图上，由线电压正半波交点也可以确定 6 条整流回路中编号与其序号相同的晶闸管的自然换相点。

电流连续$\left(0 \leqslant \alpha \leqslant \dfrac{\pi}{3}\right)$。三相桥式全控整流电路中，在各时间段内，共阴、共阳两种接法，晶闸管导通情况及晶闸管端电压和输出电压之间的关系如下表所示。

时　间	导通元件		共阴极端电位 u_{d1}	共阳极端电位 u_{d2}	输出电压
	共　阴	共　阳			
$\dfrac{\pi}{6}+\alpha$ 到 $\dfrac{\pi}{2}+\alpha$	VT_1	VT_6	u_a	u_b	u_{ab}
$\dfrac{\pi}{2}+\alpha$ 到 $\dfrac{5\pi}{6}+\alpha$	VT_1	VT_2	u_a	u_c	u_{ac}
$\dfrac{5\pi}{6}+\alpha$ 到 $\dfrac{7\pi}{6}+\alpha$	VT_3	VT_2	u_b	u_c	u_{bc}
$\dfrac{7\pi}{6}+\alpha$ 到 $\dfrac{3\pi}{2}+\alpha$	VT_3	VT_4	u_b	u_a	u_{ba}
$\dfrac{3\pi}{2}+\alpha$ 到 $\dfrac{11\pi}{6}+\alpha$	VT_5	VT_4	u_c	u_a	u_{ca}
$\dfrac{11\pi}{6}+\alpha$ 到 $\dfrac{13\pi}{6}+\alpha$	VT_5	VT_6	u_c	u_b	u_{cb}

注：其他导通角情况自行分析。

 任务四　逆变电路的安装和检修

【任务情境】

一个星期六的晚上，小李、小夏来到祝宗雪同学家里玩。可是不巧，他们刚到不久，小祝家就停电了。祝爸爸对大家说："你们稍等片刻，我马上把电'发'起来。"只见他搬来两个"箱子"一样的东西，摆弄一番，不一会儿，家里的灯又亮起来了。

小李、小夏很好奇地问："叔叔，你这是什么发电机啊，一点儿也不吵？""这不是发电机，这是蓄电池组"祝爸爸说。蓄电池是直流电，照明电路用的可是 220V 的交流电啊！小李和小夏更加糊涂了。祝爸爸看到他们迷惑的神情，笑了笑说："直流电也可以变成交流电啊，这叫逆变……"

【任务描述】

认识逆变电路的结构组成；学会分析电路的工作原理；能组装电路，并对电路进行调试。

【计划与实施】

一、画一画

（1）画出单相桥式电流型（并联谐振式）逆变电路，说出工作原理。

（2）画出电流型三相桥式逆变电路，说出工作原理。

二、做一做

制作单相逆变电路。

（1）请把组装电路所需要的元器件列在下表中。

序　号	名　称	符　号	型　号	规　格	数　量
1					
2					
3					
4					
5					
6					
7					
8					
9					
10					
11					
12					
13					

（2）请根据电路原理图，用焊接工艺在电路接线板上完成电路的组装。

三、测一测

用万用表检查电路各部分连接是否良好。

四、调一调

使用示波器观察电路的输出波形，并调试电路。

【练习与评价】

一、练一练

请说出什么叫逆变？它有哪些类型？

二、评一评

请反思在本任务进程中你的收获和疑惑，在下表中写出你的体会和评价。

任务总结与评价表

内　容		收　获	疑　惑
获得知识			
掌握方法			
习得技能			
学习体会			
学习评价	自我评价		
	同学互评		
	老师寄语		

【任务资讯】

1. 单相桥式电流型逆变电路

单相桥式电流型逆变电路如图 7-4-1 所示，由四个桥臂构成，每个桥臂的晶闸管各串联一个电抗器，用来限制晶闸管导通时的 di/dt。采用负载换相方式工作，要求负载电流略超前

于负载电压，即负载略呈容性。电容 C 和 L、R 构成并联谐振电路。输出电流波形接近矩形波，含基波和各奇次谐波，且谐波幅值远小于基波。

4 个晶闸管全部导通，负载电容电压经两个并联的放电回路同时放电。一个回路是经 L_{T1}、VT_1、VT_3、L_{T3} 回到电容 C。另一个回路是经 L_{T2}、VT_2、VT_4、L_{T4} 回到电容 C。

当 $t=t_4$ 时，VT_1、VT_4 电流减至零而关断，直流侧电流 I_d 全部从 VT_1、VT_4 转移到 VT_2、VT_3，换流阶段结束。

并联谐振式逆变电路工作波形如图 7-4-2 所示，在交流电流的一个周期内，有两个稳定导通阶段和两个换流阶段。

t_1～t_2 阶段：即 VT_1 和 VT_4 稳定导通阶段，$i_o=I_d$，t_2 时刻前在 C 上建立了左正右负的电压。

在 t_2 时刻触发 VT_2 和 VT_3 导通，开始进入换流阶段。

由于换流电抗器 L_T 的作用，VT_1 和 VT_4 不能立刻关断，其电流有一个减小过程，VT_2 和 VT_3 的电流也有一个增大过程。

2．单相电流型逆变实际电路

单相电流型逆变实际电路如图 7-4-3 所示。

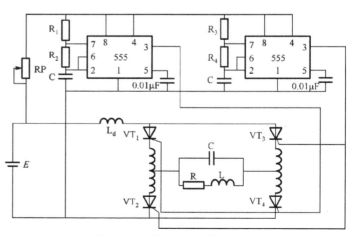

图 7-4-1　单相桥式电流型（并联谐振式）逆变电路

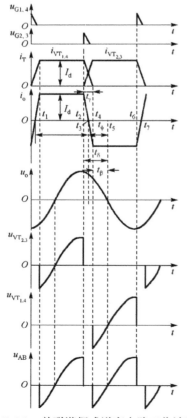

图 7-4-2　并联谐振式逆变电路工作波形

图 7-4-3　单相电流型逆变实际电路

项目检测

一、简答分析题

（1）怎样关断已导通的晶闸管？

（2）在单相半波可控整流电路中，当 U_L 分别是 $0.45U_2$ 和 0 时，控制角各是多少？

二、计算题

已知电阻性负载三相半波可控整流电路的控制角为 45°，电源变压器二次侧电压为 100V，试求输出电压的平均值、输出电流的有效值，以及晶闸承受的峰值电压。

三、实践操作题

安装和调试单相桥式可控整流电路。

参考书目

[1] 王纳林. 维修电工技能训练[M]. 北京：机械工业出版社，2012.

[2] 王国祥. 维修电工工艺[M]. 重庆：重庆大学出版社，2007.

[3] 杨清德. 电工常见故障维修[M]. 北京：电子工业出版社，2011.

[4] 程周. 中级维修电工技术速成[M]. 福州：福建科学技术出版社，2007.

[5] 陈振源. 电子技术基础（第2版）[M]. 北京：高等教育出版社，2009.

[6] 刘志平. 电工技术基础（第2版）[M]. 北京：高等教育出版社. 2009.

[7] 金国砥. 维修电工与实训[M]. 北京：人民邮电出版社，2006.

[8] 康华光. 电子技术基础（第3版）[M]. 北京：高等教育出版社，2011.

[9] 曾祥富. 电工技能与训练（第2版）[M]. 北京：高等教育出版社，2010.

[10] 黄宗放. 电工基础与基本技能项目教程[M]. 北京：电子工业出版社，2012.